ZHUANG XIU BU

SHANG DANG

SHENG XIN GENG

SHENG QIAN

装修不上当,省心更省钱

全中国最给力的家装宝典

诗玫◎著

当代世界出版社

图书在版编目（CIP）数据

装修不上当，省心更省钱 / 诗玫著 . -- 北京：当代世界出
版社，2013.8
ISBN 978-7-5090-0927-7

Ⅰ . ①装… Ⅱ . ①诗… Ⅲ . ①住宅 - 室内装修
Ⅳ . ① TU767

中国版本图书馆 CIP 数据核字 (2013) 第 141377 号

装修不上当，省心更省钱

作　　者：诗　玫
出版发行：当代世界出版社
地　　址：北京市复兴路 4 号（100860）
网　　址：http://www.worldpress.org.cn
编务电话：（010）83907332
发行电话：（010）83908409
　　　　　（010）83908455
　　　　　（010）83908377
　　　　　（010）83908423（邮购）
　　　　　（010）83908410（传真）
经　　销：新华书店
印　　刷：北京普瑞德印刷厂
开　　本：710mm×1000mm　1/16
印　　张：15.5
字　　数：228 千字
版　　次：2013 年 9 月第 1 版
印　　次：2013 年 9 月第 1 次
书　　号：ISBN 978-7-5090-0927-7
定　　价：28.00 元

读者对本书的赞誉

关于装修的心得和经验很多，从网上和朋友那里都可以获取，但是知识都非常零散，缺乏系统性，了解之后还是让人不知所措。这本书的内容条理清楚，对具体细节的解说也很有帮助，看完之后让人能在头脑中有个整体的装修概念。对于准备装修的人，强烈推荐此书。

当当网友

此书内容非常丰富，对于准备装修的小菜鸟们极有帮助。它全面地介绍了装修中很多不为人所知的内幕，而且语言朴实，极好理解！最重要的是作者的许多经验非常有用，特别是附录中的图表，对于装修的业主们很有帮助！谢谢作者！

网友 ruby2rex

书的内容编排很合理，符合装修的步骤。作者的经验总结，把装修的主要过程和注意事项讲得很清楚，很有帮助。谢谢作者的用心，事无巨细，能讲的尽量讲了。

网友 yaoxj812

"装修是件非常恐怖的事情。"这是我装修前的想法，所以我做了很多准备工作，包括买这本书，并花了一个星期研读两遍。收获不小，虽然不能按葫芦画瓢，但还是给了我不少思路及技巧。

网友 吴亚东 1982

这是一本实用性、针对性极强的好书，才开始看，没有废话，只有实用的内容，对于要装修的人来说，绝对是大大的帮助，期待着自己也能花少少的银子，装环保的美房！

网友 xiamicaifan

网友 快乐阿福

知识就是力量，在装修这件事情上亦然。纵观一个个装修被骗案例，很多有知识有文化的人，可能就被一些文盲给骗了，为什么？因为好多人都是第一次装修房子，对装修领域、建材行业的知识一头雾水。信息的不对等，让心存不良者有了可趁之机。

只能用知识武装自己，才能在装修可能要面临的各种风险中占优势地位，将悲剧发生的可能性降到最低。所以，大家应该尽量提前了解装修相关知识，这里没有高深的科技，没有我们弄不明白的地方，我们要做的就是了解、掌握一些简单的辨别方法以及建材的销售方法、模式，知道怎样省心省力省银子。

网友 liantian

装修之前买了这本书，真是让我省心更省银子，要不然真不知道装修还有这么大的学问，真的是受益匪浅。内容通俗易懂、实用，帮我解决大问题了。如果周围有朋友装修，不管是新房还是旧房我一定会推荐这本书给他们的，因为太实用了。

有时候想想也发蒙，我怎么就从一个软件工程师转变为一枚装修大虾了呢？

　　2003 年一头雾水地开始第一套房的装修，现在已经在第二套房里享受了多年成功装修的幸福家居，甚至传说中的超女都曾借我家小居拍时尚杂志专题，CCTV 的导演还光顾过我家厨房拍摄小片。

　　2006 年在众多"粉丝"的推动下，我出版了第一本装修心得《这样装修最省钱》。此书红皮，在众多销量榜中名次靠前，因此很多读者都在给我的来信中称之为"红宝书"。据说每每前往建材城，总暗揣此书，用书上那些"民间伎俩"辨别建材质量，或依书中砍价大法依葫芦画瓢，省下大把银两。

　　于是乎，经常有各种组织邀我前往举办装修讲座，甚至某网站"双飞 + 五星住宿"之优厚待遇多次请我前往授课，记得第一次去前，我战战兢兢地准备了很久，反复观摩那些知名教育机构讲师的演讲，认真制作了 PPT，最终幸不辱使命，得到听众的认可，到后来此网站不得不临时将原定会场更换为能容纳千人的大会场以供热情的听众前来听讲。

　　忽一日，还接到美国打来的越洋长途，自称我的粉丝的美籍华人，居然邀我为他的"福窝网"撰写专家系统，着实让我受宠若惊。

　　有时候难免自我反省，我写的、说的这些，真的能帮到大家吗，毕竟我也非装修"科班出身"啊！

直接的反馈来自于周边，总有装修中的亲朋好友向我咨询，拿各种各样的问题来考验我。其实我非常担心，我的建议会不会给他们的装修造成遗憾，让他们在入住后还绵绵不绝地怨恨于我。所幸，根据他们入住后依然对我表示感谢这一事实可以知道，我还没有误导过他们。他们总说，我告诉他们的方法大部分是我自己实践所得，所以听起来清楚明白，有很强的可操作性。

转念一想，可能正因为我是技术人员出身，遇事爱琢磨，做事情喜欢探索最好的技巧，所以对装修中遇到的事情都得研究出个为什么。装修一把，我还在笔记本电脑里专门建了文件，记录下心得，照片为证，整理出一大堆资料，而可能就是这些"外行人"总结出来的"门道"让同样在装修中煎熬的大量"外行人"看得更明白。

这同时也说明，装修其实没有太多高难度的东西。只是花时间，边装修边琢磨，加上后面的几次装修经验，就从菜鸟修炼为大虾了。

所以对于装修，可能大多数人是重视得不够或者说是重视得不"专业"。

想一想，如果你的工作需要你做一个新项目，这个项目可能会给你带来数万元的利润，我相信你一定会很专业地去为它作准备：

你会去学习这个项目的相关知识，而且你会做笔记；

你会去购买有利于你在这个项目中更好工作的工具、设备；

为了避免工作中的疏漏，你会把客户要求之类的重要事项制作成备忘录；

为了如期完成工作，你会利用 project schedule 之类的软件来管理进程。

再想一想你对待装修的态度，你还能说你是在很"专业"地对待吗？认真对待装修为你节省的银两也许会达到数万元，而整个过程不过是一两个月的时间，所以，我觉得你有充分的理由做得更"专业"些。

在以后的篇章里，我会：

根据我的装修实践，汇总一些经验、窍门，希望你能把对你有用的记录在你的笔记本上；

把那些容易犯的错误罗列出来，希望你能把它们放到你的备忘录里；

把我琢磨的一些工具表格提供出来，希望你能尽量携带并使用这些表格；

......

当然还有很多，希望你都能在开工之前认真了解，相信你能完美地完成自己的装修工程。

总而言之，你可以把我当作"学习委员"，这本书是我在装修实践中总结出来的秘籍，你也可以把这本书看作是上学时向"学习委员"借的学习笔记。这么想想，是不是一切都轻松多了呢？

诗玫

目 录

ZHUANG
XIU BU
SHANG
DANG
SHENG
XIN GENG
SHENG
QIAN

07 隐蔽工程

08 泥瓦工程

09 木工工程

10 油工工程

11 外购产品安装

12 硬装尾声

13 后期配饰

附录

01

武装自己 投入战斗

ZHUANG XIU BU

SHANG DANG

SHENG XIN GENG

SHENG QIAN

就要开工了，心中多少有些惶恐，其实也不用害怕，让我们先来看看我们的敌人是什么。总结一下，失败的装修不过四种情况：

- 装出来不环保，污染超标。
- 装得不好看，色彩搭配乱套，还不如不装好看。
- 装修过程中大脑一片混乱，做的事情杂乱无章，让所有装修工作费时费力还没有好结果（这种情况往往还会引发家庭不和）。
- 东西买贵了，多花了银两。

把这些列出来，一切就更明了了。在我接触到的众多装修者中，95%以上的人有上述的一种或多种失败，所以在看了这么多失败的案例后，我也针对这四个方面，总结了一些经验和方法，把它们放在书的开头，希望大家有的放矢地进行装修，避免这些失败。

最最重要的环保话题

"新房还没住热就直接住医院去了……"——这是现在要装修的人最大的恐惧。又要装修，又要环保，鱼与熊掌能否兼得？不得不打击大家一下，没有绝对环保的装修，只有符合标准的相对环保的装修，要最环保，干脆就不要装修。

所以，既然你无法忍受在水泥地、大白墙的屋子里生活，那么你也不用谈甲醛、苯色变，只要多学学相关知识，努力把这些污染都控制在最小的范围内就可以了。实践证明，经过努力，我们的房子在装修过后对人的毒害还是可以忽略不计的。

当然，你同时也应该提高警惕，小心那些打着环保大旗的陷阱，什么零甲醛的复合板材，什么绝对无污染的胶和漆，等等。据我所知，它们除了让你的荷包多出些血以外只不过是个美丽的传说。

记住，家庭装修污染只能预防，基本上无法治理。那些不环保板材里面的甲醛和苯的释放周期是 10 年！而一旦发现家装污染物超标，能采取的治理方法都是"消极"的：只能把目前释放到空气中的污染物清除掉，那些不环保的材料仍然会不断地释放有毒物质。市面上所有的装修污染治理产品都只能起到暂时净化空气的作用。所以，它们所发挥的作用还不及开窗充分通风，大气中的物质可与污染物发生中和反应，流动的空气也能让污染物扩散出去。当然，很快那些超标建材又会释放出污染物继续危害人体健康。最彻底的方法是找出是什么在释放毒素，把它拆下来，扔掉——这也是件相当恐怖的事情。所以，还是在装修时严把环保关吧。

加倍小心装修中用到的一切液体（当然，清水除外）。这些液体在装修完成后没有一种还是液态的，它们在固化的过程中会挥发出 N 多物质，而且不幸的是，其中绝大部分都是有毒有害的。所以，我们要小心查看所有用到咱们家里的液体，看看它们的检验报告是否合格。

加倍小心装修中用到的一切板材（除非是原木块）。那些经销商告诉你是实木，但看上去又平整又光滑的板材，很不幸，一般都不是真正的实木。不要相信"纤维板是用木纤维经高温高压成形的，绝对环保"之类的谎言，到目前为止，我还没有发现什么东西是不用黏合剂就能成形的。所以，对这些板材，无一例外，你也应该检查它们的检验报告。

即便所有东西都是环保的，你也要记住，还是要控制用量，越少越好。 咱们熟知的最高环保标准E1级，就是指游离甲醛含量≤9mg/100g。看清楚了，是"每100g"！所以当你家里用了1000g、10000g，甚至更多的时候，E1级基本上就和你"拜拜"了。

我上面多次提到的"检验报告"是我们辨别一个产品是否环保最科学和可靠的方法，很多建材产品都是必须通过相应的检测才能销售的，所以我们可以让商家出示其销售的产品的检验报告，检验报告上一般都会有环保指标。但拿到一份报告后，怎么鉴别其真假与可靠性呢？首先，我们要看这份报告上的标志。如果报告上有下述几个标志之一，一般来说检测结果相对权威，可信度较高。

CNAL标志。 CNAL是"China National Accreditation Board For Laboratories"的缩写，中文全称是"中国实验室国家认可委员会"。

CNAS标志。 CNAS是"China National Accreditation Service for Conformity Assessment"的缩写，中文全称是"中国合格评定国家认可委员会"。该委员会是由国家认证认可监督管理委员会批准设立并授权的国家认可机构，统一负责对认证机构、实验室和检查机构等相关机构的认可工作。它是在原中国认证机构国家认可委员会（CNAB）和中国实验室国家认可委员会（CNAL）的基础上合并重组而成的。

CMA标志。 CMA是"China Metrology Accreditation"的缩写，中文全称是"中国计量认证"，是根据计量认证管理法的规定，由计量认证合格的检测机构出具的数据，作为公证数据用于贸易的出证、产品质量评价、成果鉴定，具有法律效力。

CAL标志。 CAL是"China Accredited Laboratory"的缩写，中文全称是"中国考核合格检验实验室"，该标志是国家授予的权威性标志。

ILAC-MRA 标志。"ILAC"是国际实验室认可合作组织（International Laboratory Accreditation Cooperation）的简称。国际实验室认可合作组织的宗旨是通过提高对获认可实验室出具的检测和校准结果的接受程度，在促进国际贸易方面建立国际合作。其目标是在能够履行这项宗旨的认可机构间建立一个相互承认协议网络。中国实验室国家认可委员会于 2001 年 1 月 31 日与国际实验室认可合作组织签署了多边相互承认协议"ILAC-MRA"（ILAC Mutual Recognition Arrangement），并于 2005 年 1 月获得 ILAC 批准使用 ILAC-MRA 国际互认标志的许可。

另外，检验报告上一般还有检验单位的名称，我们可以看看是否和骑缝章一致，也可以到其网站上查询检验报告的真实性。

在后面的章节里，我还会介绍一些简单的鉴别建材环保度的方法，相信如果你认真对待，又环保又漂亮的家居绝对是可以实现的。就拿我的两套房子来说，由于我的严防死守，不让任何超标的材料进家门，不但在装修结束后环保超级达标，而且即便在装修的过程中，也没有如其他装修工地那样充斥着刺激性气味。

风格与配色方案

即将开始装修了，首先要干什么？

很多人喜欢先去逛逛家具城，如果碰到打折就订上几件家具。于是你就会经常在一些人家中发现一些和整体风格完全不搭调的家具，而主人会无奈地解释：装修前买的，又不能退。

另外有些人喜欢先去找装修公司。每个装修公司都会给你很多看似不错的建议，但是和 N 多装修公司谈过之后你会发现自己已经无所适从了。

装修不上当·
省心更省钱

ZHUANG
XIU BU
SHANG
DANG
SHENG
XIN GENG
SHENG
QIAN

其实，为装修作准备，首先要确定的是整体的装修风格和配色方案。想想你看过的那些难看的装修方案，其中很多可能是投入了大量的银子，但是因为风格没把握好、色彩运用混乱而失败。所以在装修前一定要把风格和色调定好，而且在整个装修和采购过程中，都要坚决地执行下去：墙漆的颜色、窗帘的选择、家具的购买……做一切抉择的时候都要想想，自己选的是否符合最初定下的风格与色调。

怎么确定自己家的装修风格与配色方案？

首先要记住的是，家是绝对自我的空间，完全没有必要去跟随所谓潮流或者某某设计师的推荐，一定要选择最适合自己的，因为是你自己要在这里生活。

关于各种风格的特点，有些人的描述往往长篇大论，让人摸不着头脑。其实我有个简单的方法，就是去看大量的经典装修图片，把自己喜欢的都收集到一起，然后再从中选出自己最喜欢的。你会发现，你最喜欢的那些风格上总是有些相似，这应该就是你中意的风格。

当然，对各种风格有一定的了解，也会从一定程度上帮助你确定自己需要的风格，在附录《关于各种装修风格》中我用"关键词＋大白话"的方法简单描述了各种风格以及简单判断你是否适合某种风格的方法。

风格确定了，配色方案也得定调。特别是对于那些选择混搭风格的朋友来说，因为会有多种风格糅合在一起，家里的色彩必须非常和谐地统一。可能很多人对色彩的搭配都非常担忧吧，害怕搭配出"红配绿，赛狗屁"之类让人嘲笑的效果。这儿我就向大家介绍一种全世界最容易掌握的色彩搭配秘技，其关键就是"定色图"——这是我给取的名字，意思就是选择一个图案，家里用到的所有颜色都能在这个图里找出来。

首先，就是"定色图"的确定，选这个图案是有技巧的，要选比较经典、自己非常喜欢、包含很多颜色的图案，我的经验是从那些高档的布艺图片或者皇家瓷器图案中选择。

你可以只选一个"定色图"，然后整个家里的颜色都在里面找，也可以选多个"定色图"，用每个"定色图"确定某一个房间的所有颜色。

一旦选定了"定色图"，你最好把它拷贝到手机和电脑里，随时带着它们去选择你家所有东西的颜色，从乳胶漆到壁纸到家具到花瓶，确保它们的颜色都在这个"定色图"里出现了。最稳妥的方法是："定色图"里大面积的颜色在你家里也是大面积的（比如墙壁的颜色），"定色图"里小面积的颜色在你家也是小面积的（比如茶几的颜色），这么配出来的家居色彩看上去一定会非常顺眼。

定色图帮助我们解决的是色彩的搭配问题，家庭装修的配色方案要成功，还需要平衡。怎么才能平衡呢？

首先给大家介绍一些基本知识吧。大家对颜色的不同感觉可能都仅仅停留在其色彩表现上，比如红色、蓝色、黄色等等。其实，还有两个东西在影响着色彩表现，那就是明度和纯度。什么是明度呢？通俗地讲，明度就是色彩亮不亮，比如天蓝色是蓝色中明度比较高的，海军蓝是蓝色中明度比较低的。那么什么是纯度？通俗地说，纯度就是咱们经常说的颜色"正"的程度，我们会说"这个红色很正啊"，其实就是指这种红色的饱和度达到了很高的值。

基础理论介绍完毕，接下来介绍其应用。

在同一个空间中，要选择明度搭配和谐的颜色。比如，一个房间如果全部用明黄色和明亮的蓝色，会显得很难受，但是如果用明度较低的海军蓝来搭配明黄色，整个房间看起来就会更舒服、更和谐。

而从颜色的纯度方面来讲，色彩的纯度要平衡。比如，选择了非常纯的紫色，那么就要用相同纯度的黄色来搭配，这样就会显得很平衡；如果选择了纯度较低的橘红，那么最好搭配相同纯度的黄绿色，这样感觉上就平衡了。

风格和色彩方案确定后，最重要的就是在整个装修过程中贯彻始终。从墙壁的颜色，到窗帘、家具，到家中的配饰等等，甚至入住后购买的所有小饰品都应该是在这个方案之内的。只有家中所有物品都

在方案之中才能取得协调搭配的色彩方案的最佳视觉效果。其实，无论选择哪一种风格和色彩方案，只要严格地执行，最后的结果就一定不错，而左右摇摆的结果一定是最后装出不伦不类的效果。

诗玫的三大超实用表格

话说工欲善其事必先利其器，在这一节里我会把我在以往装修中总结制作的 3 个表格与使用方法介绍给大家。这些表格，不但我自己使用过，我的很多朋友、读者都使用过，大家都觉得非常好用，可以说是能有效避免装修中大脑混乱的强有力的武器。

《建材信息收集表》

正如我之前说过的，干啥都得有点儿专业精神才能干得更好。对于同样的产品，怎么才能以最低的价位购进，可能是大家都希望知道的。要做到这一点，对信息的收集和整理是非常重要的，所以，我总结了一份《建材信息收集表》附在书后附录中供大家使用。在没有它之前，我和大部分的人一样，去建材城逛的时候，每每看到自己喜欢的东西，总是向营业员要一份宣传单或者名片，在上面写下我看上的东西的价格和型号，这样每次从建材城回家，总是拎着一大堆这样的纸片，可其中的绝大部分一直到装修完成也不会看第二次——因为太凌乱，无法统计。为了使信息收集工作更简单，我设计了这份表格，每次去建材城都带着它，看到喜欢的东西就把其详细情况都记录下来。

表格设计得比较简单明了，大家应该一看就会用，在这里我只简单说明一下。

喜好程度：我一般用五角星来标注，越喜欢，五角星越多。

砍价结果：请每次都以今天就要买的态度去砍价，而且也告诉业务员今天就要买，然后才能得出实在的价格，那些不是底价的数据记录下来是没有任何用处的。装修时我们一般会逛很多建材城，对那些我们中意的产品可以多次打探价格，而且由于知道其他建材城的价格，还可以用别处的底价来压价，这种方法我屡试不爽。

店铺位置：建材城一般都很大，有时候很难找到你要去的店面，所以记录下摊位号会很有帮助。

店铺电话：当你需要了解商品的一些具体信息，比如长宽尺寸等，有了电话就免得再跑一趟了。另外，如果确定要购买某个产品，有时直接打电话，商家也可以送货上门。

销售人员：有时候我砍到一个很满意的价格，可是等我过一段时间去购买的时候，销售人员又不同意了。这时我就振振有词地说"上次×××答应这个价格给我的！"

回到家后我还会把这个表整理到电脑里的 EXCEL 文件里，而且我一般还会把喜欢的东西照下来，这样到某样东西真的需要购买的时候，对照表格和照片，我就可以轻松地决定去哪儿购买了。很多人可能觉得这样很麻烦，但根据我的经验，绝对是"磨刀不误砍柴工"，可以大大提高逛建材城的效率。

在装修的最初，可以选择一个大型建材城进行撒网式的信息收集。因为这个建材城不一定是你最终购买的地方，所以你可以选择那些大型（东西全）高档（购物环境好，比如夏天有空调）的建材城去逛。这样，以后再逛时，根据之前整理的价格和喜好度，可以非常准确地知道自己需要什么，不会漫无目的地瞎逛，浪费时间。每次逛都做好笔记，最后进行比较分析，到底应该购买什么、到哪儿买、底价是多少，自然就清晰了。如若不然，有很多人虽然逛了很多遍，但每次逛完后不仅没有更加明确自己该买啥，反而被琳琅满目的商品搞得更加晕头转向，最后到非买不可的时候往往是胡乱买一个就得了，这样不但可能多花钱，而且还总是不能买到最合适的产品。

《装修支出计划预算表》

要想装修支出不超标，做好预算是很重要的。但是为什么大部分

ZHUANG
XIU BU
SHANG
DANG
SHENG
XIN GENG
SHENG
QIAN
装修不上当，
省心更省钱

人做了预算，在装修的时候又会超出预算呢？原因其实很简单：大多数人并不清楚装修时有哪些支出项。所以，我总结了一个《装修支出计划预算表》附在书后附录中。表中列举了一般公寓在装修中可能会产生的一些支出、需要采购的一些东西，以及这笔钱将会在你装修的哪个阶段支出。

使用此表做预算前，首先要把设计考虑清楚，如果装完了再改，花的可就是双倍的钱。如果决策的人多，大家一定要先协调好想法，否则会因为想法不一致，使预算也大大超支。

在此表中，我列出了装修中需要购买的东西，你可以根据房屋的相应工程量结合工长的建议，列出"需要数量"，然后利用《建材信息收集表》中的建材价格信息列出"预算金额"。等这项支出真的发生后，你再把实际的支出记录下来，如果支出在预算外，应该用醒目的颜色标记出来，以提醒自己应该在其他项目上减少支出以把这部分超出的预算省回来。在确定装修公司后，装修公司会给你一份装修进度表，你可以对照这份进度表中的时间，在自己的《装修支出计划预算表》中标注出每种建材的最晚购买时间。这样，你就很明确自己在什么时段需要购买什么建材了。

做表格的时候要记住，只能把可用于装修的总款的80%用于预算表的分配，因为无论预算多么严密，执行多么严格，装修中总有各种各样的预算外支出。

《工程辅助表格》

很多装修过房子的人可能都会有这样的感觉，就是很多在装修前设计好了的项目在施工过程中却忘记实施了，甚至在装修前根据搜集的资料确定的自己家需要特别注意的一些问题，在开工后却忘得一干二净，直到自己家也出现了同样的问题才想起来。这说明，我们需要在装修前和装修过程中把自己不断涌出的灵感和发现的需要注意的问题都记录下来，在工程进度到达相应节点时查看，以免疏漏。

开工后，你会发现你要购买的东西或者需要办理的事情是那么多：今天木工让你买钉子，明天工头让你到物业办理××手续，等等。要想不被这些事情弄得抓狂，你必须对它们进行合理的记录和整理。

由于我在装修中被这些事情折磨过，所以设计了这么一套"工程辅助表格"附在附录来帮助你避免所有让人崩溃的事情发生。

首先这套表格是针对家装中主要的8个阶段制定的，你可以根据施工方给你的《工期进度安排表》填好每个工程阶段预计开始和完成的日期，然后在工程实际开始后再填入实际的日期。有了这个日期，你可以更好地安排自己时间。

在这套表格的"注意事项"中，你可以填入自己关于这个工程的一些设计灵感。另外，在看到一些装修经验和知识时，若发现对自己家有帮助的内容也可以填入这项。这样当你家的工程进行到此项时，你可以拿出表格，看看"注意事项"中的提示，就能有效避免一些遗憾和疏漏的发生了。

而在表格的"工程备忘录"中，你可以填上需要完成的工作，比如采购工作或预约设计师等等。

相信有了这套表格，你的装修会少很多遗憾，或许你现在看我写的这些内容时就该用它做笔记啦！

砍价高手速成

装修中经常会发生这样的事情：当你去隔壁邻居家参观时，发现他和你买了同一款瓷砖，随口一问他的购买价格，却郁闷地发现他比你买得便宜多了。这就是砍价的功力深浅问题啦。

说到这里，很多人，特别是男生，总会觉得砍价麻烦多多，省的也就是些小钱，还浪费了宝贵的时间。其实这种看法在装修采购中是非常错误的，因为装修中采购量非常大，而且建材行业目前还比较混乱，很多产品价格虚高不下，在不同的市场卖价可能相差好几倍。善

于砍价的和不善砍价的在每个项目的购买成本上能差出几千块（比如地板，一般的家中需要的地板在 100 平米左右，若每平米省 10 元，光地板这一项就能省 1000 元），而从我前面列出的《装修支出计划预算表》中可以看出在装修过程中要购买的项目是非常之多的，这样整个装修省下的银子可就是大大的啦。

砍价，可是我的特长中的特长，闺蜜们从学生时代就发现了我的此项技能，买东西总愿意把我拉上，甚至从小学起我就负责去批发市场帮同学们采购郊游食品。所以，砍价心得我还是有一些的，在这里我简单整理一些，希望能帮你速成砍价大虾。

砍价高手速成之购物前的准备

在购物的准备期间，大家可以利用我前面给出的《装修支出计划预算表》初步确认自己要购买的一些建材。在确定装修公司后，装修公司会给你一份装修进度表，你可以对照这份进度表中的时间，在自己的《装修支出计划预算表》中标注出每种建材的最晚购买时间。这样，你就很明确自己在什么时段需要购买什么建材了。

确定自己要买什么后，就要确定到哪儿去买了。有的商品我们可以直接去其集散地、批发城买，有的可以通过向朋友打听或者上网搜索的方法，找出相对合适的购买地，并且最好能打听出此商品别人购买的最低价。当然之前我们做的《建材信息收集表》会很有用处，可以帮助我们确定购买地并且提供可参考的价格。

确定目的地后，换上简朴的衣服，最好配上在工地弄得有些脏兮兮的鞋子前往，这样在一些批发城购物时就更容易伪装成工头或者工程监理了，甚至你还可以学学那些"业内人士"的行话，比如不说"买货"，而说"拿货"等，这样你也许很轻松地就能享受到超低的"内部价格"了。

砍价高手速成之选择购物最省钱的时间和地点

无论在哪个城市、哪个市场，只要是买东西可以讲价的地方，周二、周三去买东西肯定要比周六、周日去买东西便宜，这一点希望大家能加以利用。有人可能要问为什么，原因很简单，周末购物的人多，哪个商家也没有时间和你磨价格，而且总有那些砍价不是那么狠的客户，商家都忙着挣他们的钱，没空理我们，对我们这种"狠角色"，商家只有在周二、周三没有客户的时候，才会认真对待。

另外，选择购物地点时可参考以下经验：

● 安装费用及辅料费用很高而且需要确定实际尺寸的产品。这类产品由于需要商家上门测量后进行进一步砍价，一般不要去离家太远的地方购买。

● 运输起来非常麻烦而且厂家不负责送货的产品，比如较大的玻璃等，也最好就近购买。

● 厂家负责送货或者运输简单的产品，可以到任何地点购买，特别是瓷砖、洁具等产品，由于一般需要较大的仓库来储存，所以在每个城市一般都有集散地，可以直接到集散地去购买。

● 另外还有一条可参考的规律：地理位置越偏僻，生意越冷清的建材城，砍价成功率越高！此条还可以推演为：在同一个建材城里面，店铺位置越偏僻的，越容易砍价。

砍价高手速成之砍价心理战

说到砍价，可是有很多技巧的，比如心理战。

商家做生意都是为了赚钱，我们一定要让商家充满希望。东西尽量在一个商户处购买，这样会让总量增多。此外，砍价也不要一进门就猛砍，这样一会让商家充满戒备，二是容易让商家绝望而终止销售。毕竟砍价能一刀砍到底的概率是非常低的，所以我们应该一小刀一小刀地砍。

需要在一处购买多样货物的时候，我们可以先对每件货品进行小砍，到谈总价的时候再砍一刀。

商家对每个商品能挣的钱都有个预期值，好多时候商家觉得你开

ZHUANG
XIU SU
SHANG
DANG
SHENG
XIN GENG
SHENG
QIAN
装修不上当
省心更省钱

的价格不能卖，不是因为这个价格不赚钱，而是因为他觉得这个东西可以赚 800，现在你出的价格只能赚 500！

我们要使用小刀砍价法，而且尽量用总价谈价格，你每砍一次价格的时候，商家心里总会算一次还能赚多少钱：只能赚 900 了，只能赚 800 了，等等。但怎么说也是能赚好几百。而如果你和商家以单件商品砍价，他一看只能赚 80 了，还不如不卖，于是砍价就失败了。

砍价高手速成之诗致砍价独门小招

* 砍价时一定不要觉得不好意思，挑起商家之间的竞争是很好的方法。很多商家对于竞争对手会有"即便我不挣钱也不让他挣钱"的心理——这对我们可是大大有利的事情，所以我们可以根据实际情况应用咱们的《建材信息收集表》。比如，当价格讲不下来的时候，你可以把你的《建材信息收集表》掏出来说："×××店铺也有这个产品，他们的 ××× 大姐说还可以给我便宜 ××× 元的，我就懒得去了，你便宜些我就在你这儿买了。"根据我的实际经验，每当我掏出这个表时，销售人员都非常震惊或者非常钦佩我的收集能力，而且觉得我对市场价格都非常了解了，所以一般会直接给我个最低价。

* 最后在确定购买时别忘了要求商家赠送一些相关的物品，这也能帮你再省些银子。

* 当需要在一个店里买好几种产品时，千万不要以为某一个产品价格便宜，他卖的所有东西就都便宜，一定要每个产品分别毫不留情地砍价。

在看我这些砍价心得的时候，你有没有热血澎湃，恨不得马上冲到建材城去找个商家来砍一下呢？不要着急，在装修开始后，你砍价的机会多着呢！而且在后面的章节里，我还会结合具体的购买案例给大家一些"砍价实操指南"，相信一定能为你省下大把银子。

02

收房

ZHUANG XIU BU SHANG DANG

SHENG XIN GENG SHENG QIAN

现在，你可以正式开始装修了，如果你购买的是新房，那装修前要完成一件重要的事情——收房。

拿到开发商的《入伙通知书》是件高兴的事情，可我不得不提醒你，从你兴冲冲地踏入"收房大厅"那一刻起，一场较量就开始了。

- 很多开发商／物业会要求你先交N多费用，甚至先签署N多文件才会给你钥匙陪你验房。而且你会失望地发现，大部分业主都会认同这所谓惯例，乖乖地在那儿签字交费。但你应该坚决地向这种不合理要求说NO！特别是在验房之前签署文件，是绝对不可行的，否则即便你在验房中发现了重大的缺陷，开发商也可以置之不理了。

- 很多开发商／物业会提出帮你代办产权证，所以你要缴纳所谓的"代办费"。但其实你是可以自己办理产权证的，这笔费用你完全可以拒交。

- 验房中发现的问题，一定要落实到纸面上，并注明开发商承诺的解决时间，然后由开发商盖章后妥善保存。特别要注意，很多开发商并不把这份"问题表"交给业主，谎称"我们会备案后尽快给你解决"而往往直到业主入住后都未解决，但业主手中又无任何凭证，完全无法维权。

如果你去收房前，已经知道你的开发商有以上所谓"惯例"，那建议你尽量多联络些业主，同时去收房，以免势单力薄，无法与开发商抗争。

收房时应该让开发商提供的文件

- 要求开发商向你出示《竣工验收备案表》原件，并检查上面是否有备案部门同意备案的签字和公章。
- 要求开发商向你提供《住宅质量保证书》原件，开发商应按《住宅质量保证书》的约定，承担保修责任。开发商在出售商品住宅后，如果委托物业管理公司等单位负责维修，应当在《住宅质量保证书》中明示所委托的单位名称。

一般情况下，《住宅质量保证书》应当包括以下内容：工程质量监督部门核验的质量等级；地基基础和主体结构在合理使用寿命年限内承担保修；正常使用情况下各部位、部件保修内容与保修期：屋面防水3年，墙面、厨房和卫生间地面、地下室、管道渗漏1年，墙面、顶棚抹灰层脱落1年，地面空鼓开裂、大面积起砂1年；门窗翘裂、五金件损坏1年等；用户报修的单位，答复和处理的时限。住宅保修期从开发商将竣工验收的住宅交付用户使用之日起计算，保修期限不应低于上述规定的期限，购房者可以与开发商协商延长保修期限。但是，国家对住宅工程质量保修期另有规定的，保修期限应按照国家规定执行。

- 要求开发商向你提供《住宅使用说明书》原件。《住宅使用说明书》应当对住宅的结构、性能和各部位（部件）的类型、性能、标准等作出说明，并提出使用注意事项。
- 要求开发商向你出示《建设工程质量认定证书》原件，此证书是

建设工程质量安全监督检查站（简称"质监站"）验收合格后颁发的。

- 要求开发商向你出示《房地产开发建设项目竣工综合验收合格证》原件。

以上五项简称"三书一证一表"，开发商缺少任何一项，按照相关法律法规，业主都有权拒绝收房。

验房时应注意的问题

一般来说，开发商应派专人陪同你验房，并有一份《住户验房交接表》之类的文件供你在验房过程中记录发现的问题。验房时应重点注意以下问题：

- 门窗是否开合顺畅，是否锁闭方便，是否存在变形，把手等是否有破损，配套纱窗是否齐全，配套钥匙是否完整好用。给防盗门的门铃装上电池，检查门铃是否能正常使用。
- 屋顶、墙面、窗边、门边是否有渗水漏雨现象，注意那些不正常的黄色污渍。
- 使用小锤检查墙面、地面是否有开裂或空鼓现象。
- 自带那种一插进插座就会亮的小灯去检查所有的插孔是否能正常使用，用灯泡检查所有的灯座是否能正常使用，并且在安装灯泡和插小灯的时候，闭合总开关箱内对应的分路电闸，检查各分路电闸是否能正常工作。
- 用手电检查厨房和卫生间的烟道是否有堵塞现象，并点燃携带的废纸，观测排烟口是否能正常抽烟。
- 用塑料袋装满水，快速倒向屋内的各个地漏、下水，观测水流速度以判断是否有堵塞。
- 用塑料袋装上沙子，系上绳子，堵住卫生间的各下水口，然后往卫生间注入不低于 2cm 的水，24 小时之后与楼下邻居联络，观察有无漏水现象。

⊙ 记录好水表、电表、气表的数字，作为日后交费的起交点。验房所用的这些水，让开发商掏腰包是非常应该的！

重要提示：这份表格必须要开发商代表盖章后自己留存一份。

如果开发商未提供《住户验房交接表》，你应该自己准备一份。为方便大家，我整理了一份较为全面的《住户验房交接表》附在本书附录中，你可以根据你的房屋的具体情况进行适当删减后使用。在此表中我还针对每个项目附上了简单的检验方法，请注意其中提到的需使用的工具，前去收房时别忘了携带，开发商一般是不会为你提供的。

SHENG QIAN

SHENG XIN GENG

SHANG DANG

ZHUANG XIU BU

03

装修公司的门道

装修公司虽不能保证你家装修成功，但一定可以让你家装修失败。所以，装修前一定要认真处理好与装修公司相关的事情。在此整理出一些个人经验，希望对你有所帮助。

选择谁为你装修

选择装修公司

大装修公司还是路边游击队？装修公司的选择，总是让人苦恼。在我看来，装修公司大致可分为以下几类：

第一，设计优良、施工精细的装修工作室。

第二，名气狂大、规模也很大的超大型装修公司。

第三，公司整体规模大，但在当地不一定很出名的全国连锁型公司。

第四，当地的二、三流装修公司。

第五，游击队（这个可能不能称之为公司）。

第一种，如果银子允许，是我最希望的选择。有月薪 N 万的真正的设计师为你服务，施工非常严格，其相同的工作，可能会比一般家装公司多几十道工序。装修品质就是这样的，如果你要做好，可能需要 100 块钱，但如果你要做到精益求精、极致地好，你需要的是 100 的 N 倍投入。所以这类装修工作室的价格是不一样的。把它们的价格和一般家装公司的报价进行比较，就像说"宝马也不过是和夏利一样只有四个轮子，一个车壳，凭啥贵那么多"一样可笑。

第二种，我只能说它们很好，但它们并不能保证百分百不出问题。我也不能确定在盛名之下它们还能否看得上一些业主家比较小的活。但它们起码会比较重视自身的名声，如果你到处投诉，对它们是有作用的。另外这种公司的生命力还是比较强的，不会给你装修完没多久就消失了，所以售后服务还是有保障的。

第三种，家装行业的大公司，很多都是全国化的。它们有的是从当地发家的，当地的消费者比较认可；有的是从外地发家的，当地的消费者可能不太了解。但是目前市场上从外地发家的大型连锁装饰公司依然很多，它们不会放弃其他市场。相对于第二种，这类公司虽然也很有实力，但在当地市场不是那么有名气，因而不会有那么多大客户去找它们，所以对于一些小客户，它们也相对更重视。另外，它们的价格也略微会比第二类公司低一些。这种大公司生命力也很强，所以售后服务也有保障。

第四种，这类公司中也有好公司，质优价廉，但要确保选到很难。毕竟这类公司太良莠不齐了，大家可以看到，很多被严重欺骗，或者装修严重失败的人找的都是这类公司。但如果你有亲戚朋友找过这类公司装修，并且觉得不错，你也可以选用。

第五种，可能你需要花费更多的精力。另外，合同对于游击队几乎没有任何效应，我们只能用钱款控制它们。找它们装修会很累，并且售后服务完全没有保障。很多第一次装修的业主可能不知道，装修装修，装了肯定是需要修的，如果找游击队，到时候人都不见了，找谁去啊？当然，游击队最大的好处是便宜啊。

ZHUANG
XIU BU
SHANG
DANG
SHENG
XIN GENG
SHENG
QIAN

装修不上当，
省心更省钱

各种队伍，各有优劣，怎么选择，就要看你自家的具体情况而定了。

初步选定装修公司后，需要去看看其工地情况。业务员一般会直接带你去他们的样板间，其实这些样板间工地从施工队伍到管理一般都是特殊的，看它们几乎没有意义。如果业务员带你去样板间，你看后再问：你们在这个小区还有别的客户吧？为了显示自己公司很强大，一般业务员都会说有。然后你就要求去看看那些工地，而且最好选择几个不同阶段的工地去看，包括刚开工的、瓦工刚完的、油工刚完的等，这样一路看下来才有参考价值。

选择工长

确定好了装修公司，其实选择只进行了一半，一般装修公司下面都有多个工长，而装修工程的好坏很大程度上取决于在工地上负责的工长。

选工长时，要多和他之前负责的工地的业主交流，从以下几个方面来考察：

脾气要好：装修中业主与施工方难免有争执，脾气好的工长会和你耐心交流，而不会胡乱撂挑子。

管理能力要好：工人要都肯听他的。很多工长说话工人根本不听，这样的工长显然不能选。

至少每天到工地一次：有些工长由于接的活儿太多，几天都不露一次面，对工人的监管自然不力。

工长本身起码是个大工而且活儿做得好：一般来说，这样的工长对工人的工艺指导更专业。

选择装修工人

接下来还要挑选装修工人，选工人和选装修公司一样，不要看样板间，而要去其普通客户家，到工地上，多看看这个工人干的活儿怎么样，然后和业主多沟通，看看活儿是不是这个工人干的，业主对其印象如何。

要和选定的工人多交流，看看双方的沟通情况怎么样。我就用过一个瓦工，活儿不错，就是理解力超差，而且他说的话我还听不懂（非常浓重的方言口音），最后造成我家瓷砖返了两次工，让我非常郁闷。

对于一些特殊工种，比如水工、电工，必须要用有相关资格证书的工人，持证上岗。

睁大眼睛看清装修报价单

很多业主拿到装修公司提供的报价单后看的仅是"价格"一栏，报价低就认为可以，报价高就一个劲砍价。其实，这样做是错误的，报价单中门道很多，不搞清楚细节，报价就只是一个虚数。

报价单中需要关注的不仅仅是价格，材料说明及制造安装工艺技术标准也非常重要。最好多找几份朋友、邻居家的报价单进行对比分析，通过对比不同公司的报价单中对应工艺的说明，你可能会发现，报价低的可能是在工艺上偷工减料了。比如有的油漆报价表中的工艺是一底两面（一遍底漆，两遍面漆），但有的就只是一底一面了，这样不但省了工还省了料，当然价格是不一样的。

每道工序需要用的材料非常多，而这些材料的品牌和型号也必须在报价单中作出详细说明，否则装修公司在施工过程中可以任意使用便宜的劣质材料。

报价单中还应该详细标明每个项目的具体工程量，特别是在水、电路改造这样的项目中，要避免装修公司使用"按实际发生结算"这样模糊的描述。因为同样是实现你所要求的水、电改造项目，不同公司的工程量可能是不一样的，让装修公司给出具体的工程量，这样更方便你比较不同公司的报价。你可能会发现，同样的电路改造项目，有的公司给出的工程量是 80 米，而有的却是 100 米。因为合理的设计

装修不上当，省心更省钱

ZHUANG
XIU BU
SHANG
DANG
SHENG
XIN GENG
SHENG
QIAN

可以让你以更少的改造量实现同样的目标，所以你不但应该要求装修公司给出具体的工程量，而且应该约定报价单中的预算工程量和最终结算工程量的误差值应该在 10% 之内，否则差价由装修公司来承担（这条约定在很多专业水、电路改造公司的合同中都有）。

看报价单的时候，还应该小心装修公司的"单项低价"陷阱。装修不比买别的东西，其价格非常不透明，消费者对于装修服务的实际价格很不清楚，而装修的项目又非常多，消费者对每个项目的工程单价更不可能全部掌握。所以很多人只是知道刷漆、贴砖等比较熟悉的项目的单价，于是有些装修公司就利用消费者的这种特点，在报价单中故意把这些项目的价格做得非常低，诱使消费者与其签订合同，并且交付不能退的预付款。

比如，我们经常会发现一些装修公司做促销活动的时候会打出"××乳胶漆 5 元/平米"的广告，而当你去咨询的时候，业务员会告诉你，这个优惠只限多少多少人，让你赶紧定，很多人就这么掉入了陷阱，直到后来签合同的时候才发现这个装修公司有很多其他项目的报价非常高，或者有很多意料之外的收费（比如工人管理费等），但这个时候如果终止合作就会损失之前的预付款。所以，一定要弄清楚报价单上所有项目的情况再给钱。

一般看报价单的过程就是与装修公司砍价的过程，但注意和装修公司砍价不要"欺人太甚"。虽然我非常喜欢砍价，但在和装修公司的合作中，我并不赞成过分砍价。砍价前应该对每个项目及合格工程的最低价格有大概了解，和装修公司砍价不宜砍得太低，适中就可以，因为装修和别的商品不一样，一般商品是定型产品，无论你怎么砍价，一个你选定的东西还是那样，不可能因为你砍价太多而变差，但装修是你先定价格，再给你施工，如果你砍得太低，装修公司又舍不得丢了你这个单，很可能忍痛接了你的活儿，然后在装修过程中再想办法找回来，比如给你家使用劣质材料，派那些工费便宜的生手工人等等。所以，和装修公司砍价一定要适可而止，砍价后要确认工艺和用料标准没有降低。

家装合同的签订

与家装公司签订合同时，最好使用当地工商局提供的家装合同范本进行适当修改后签订。在用范本装修合同签约的时候，最好加上一些对业主比较有利的附加条款，具体可根据实际情况拟定。我在附录中提供了《北京市家庭居室装饰装修工程施工合同》范本以及《装修合同附加条款》（列举了一些较为通用的附加条款）供大家参考。

在家装合同中应约定对业主最有利的付款方式，很多装修公司提供的家装合同中都会对装修付款方式有这样的约定："第一次付款在开工三日前支付55%；第二次付款在工程过半时支付40%（隐蔽工程结束时）；第三次付款在竣工验收合格时支付剩余的5%。"

然而这样的付款方式，显然对业主不利，所以应该和装修公司商量按照对业主较为有利的"3331"付款方式签订合同。按照这种支付方法，"材料进场验收合格支付30%；中期验收合格支付30%；竣工验收合格支付30%；保洁、清场后支付10%。（第一个30%也可以在开工前支付。）"这样，主动权就掌握在业主手里了。

在签订装修合同时，一般业主不会忘记在附件中约定一些材料的品牌和品质等级、型号等内容，但往往大家注意的都是水泥、乳胶漆、大芯板这类的主材，而对于辅料，却容易疏忽不作约定。何谓辅料？其实就是装修中一些使用了但可能看不见的东西，比如白乳胶、烯料、勾缝剂之类的建材。然而，这些东西却会严重影响装修工程的环保性。无论用了多好的大芯板，如果所用的白乳胶是不环保的，那么成活的家具一定是不环保的；无论用了多好的漆，如果用了不环保的烯料，照样污染严重。而且这些辅料如果不环保，其污染性是超乎想象的。所以，在签订合同时一定要对工地所用的这些辅料的品牌及型号加以限定。

有些装修公司会在合同中故意漏掉一些较重要的项目，业主可能在开工后才发现一些必要的项目在合同中未列出，这时装修公司往往就会给出较高的报价。业主总不可能为这么一个小项目还另外找人吧？只能认了，所以在签订合同的时候，一定要反复查看项目约定，最好多找几个已经完成装修的朋友的项目单来看看，以免遗漏。

另外，一般装修公司会对减项也有约定，即如果业主要求对合同约定的工程项目进行削减，也需要支付该项目一定百分比的费用。这样，很多时候在装修中如果业主修改装修方案就会成为减项，需要额外支付装修公司费用。因此，建议在合同中把此条款改为对装修总款额的约定，比如约定业主不能减项以使整个工程费用低于多少钱。

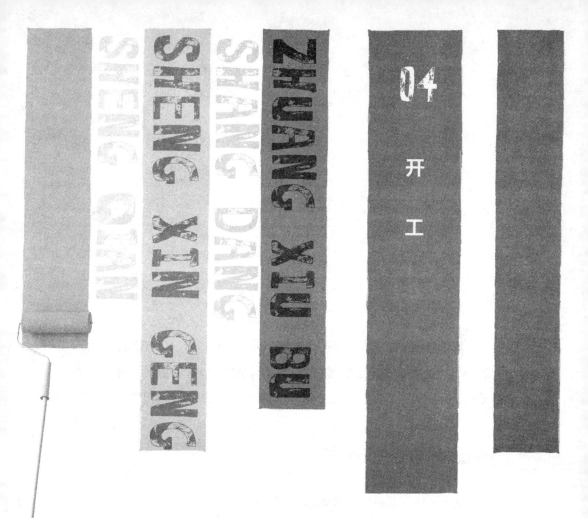

ZHUANG XIU BU SHANG DANG

SHENG XIN GENG SHENG QIAN

04

开工

和装修公司签订完合同，你就可以开工了。开工，按老传统还得放鞭炮、上香祭祀，虽然咱们不用这么迷信，但这也说明了开工的重要性，为了给后面的装修工程以最好的开端，你得注意到很多方面。

注意细节以避免小麻烦

- 由于现在的新房一般是插卡预交费的，所以要确认水、电是否够用，咨询物业水、电购买方法，并最好提前购买充足。
- 防盗门一般都是 AB 钥匙，确认你给工人的是 A 钥匙。
- 到物业办理开工手续并了解小区所规定的装修时间和建筑垃圾堆放地点，很多物业是不允许在中午、晚上和周末装修的，应事先了解并与工长做好沟通。
- 要求工长提供在你家干活的各大工及工长自己的电话号码，在以后购买建材的时候，你经常需要向相关的工人询问一些问题。
- 如果你周围已经有邻居入住，开工前请通知他们，并提前为你将在装修中对他们造成的打扰致歉。

奠定好和工人的关系

开工这天，工头和一些大工一般都会到工地，怎么才能更好地和工人交流，并且管理好你的工人，是装修成败的关键，所以不同的管理方法会让同一个工人有完全不同的工作表现。

管理工人最重要的一步是在他踏入你家工地的第一天迈出的——我把这一步叫做"下马威"。一般工人刚到你家时也会观察你这个人是什么样的，如果是个"软柿子"，他接下来可能就会偷懒耍滑，不好好干活，所以这个时候你一定要表现出你是个很懂行而且对活儿很挑剔的人。比如，瓦工到你家时，你可以告诉他，你最看不惯瓷砖歪歪扭扭的，瓷砖贴完了你会用各种方法验收，比如敲击听空鼓，用靠尺看平整等等，如果不合格就必须返工，而且不会出返工的工费，另外，如果返工造成瓷砖损坏也要瓦工自己承担。在和工人谈话的过程中，你可以尽量多说些从网上现学来的关于贴砖的专业话语。听了你这些话，工人会认为你是个内行，接下来干活时会认真很多。

当工人真正开始干活了，你就要使用"大棒＋胡萝卜"策略了：平时和工人说话交谈时要非常尊重他们，有时候主动给买点饮料啥的，但如果发现工人在工作中有违规的事情，必须严厉地指出，但注意在批评时一定要对事不对人，避免人身攻击，比如说工人"傻"之类的话。特别是在第一次发现工人违规操作时，就一定要坚持原则，该返工返工，该投诉投诉，这样工人就知道你是不好惹的，以后会更加认真。"下马威＋大棒＋胡萝卜"这三招一定能让你管理好你的工人。

材料入场验收

开工这天，装修公司会把由他们提供的材料部分入场，你必须仔细检验产品的品质与数量。

ZHUANG
XIU BU
SHANG
DANG
SHENG
XIN GENG
SHENG
QIAN

装修不上当，
省心更省钱

- 查看材料的购买凭证，以确认是否是通过正规渠道购买的产品。
- 看包装尺寸或分量是否与实际相符，以及包装上的字迹是否清晰。
- 看包装是否有打开过的痕迹。
- 好的产品一般会有防伪电话，如果有疑问可以拨打防伪电话。
- 要求工长给你开出到场材料的数量清单，对照装修合同中约定的品牌，逐一查对无误后双方再签字确认。
- 最好给一些重要的材料留下照片，日后到工地的时候应留意在家使用的是否是当初你验收过的产品。

　　材料一般不会一次都到场，以后装修公司还会逐步地进材料，你应该和装修公司约定，你未检验确认的材料，施工方不能使用。这主要是为了避免装修公司或者工长趁你不在场的时候进劣质材料并且使用到一些隐蔽的地方。另外，为了不给他们做手脚的机会，你要尽量不定时地出现在工地，不要让施工队摸着你的规律，比如有的业主只能在非工作时间到现场，这样施工队就可以趁你上班的时间任意做手脚了。

　　当然，一般来说还有很多东西是需要你自己去采购的，而采购的数量需要施工方告诉你。一般工程队会在开工入场测量后提供一系列数据给你。你应该和工程队做好约定，要求工程队给你的数据是尽量精确的。比如，约定以后的数量变化不应该超过20%。当购买的产品少于需要量的时候，应该由工程队负责去补货；如果购买的产品太多，又是可以退的产品（比如瓷砖），也应该由工程队负责去退货。

05

结构改造

SHENG OTAN SHENG XIN GENG SHANG DANG ZHUANG XIU BU

其实这个阶段不仅仅是拆墙、砌墙，重要的是要给每个空间划分出确定的功能，这直接关系到水电的设置、家具的摆放、色彩的布局，这个阶段也是定局的阶段。每个人的生活习惯不一样，似乎所有新房的布局都不够合理，要化腐朽为神奇，突破思维的大胆结构改造是成功的开始。

我的习惯一般是把根据实测尺寸画出的户型图复印 N 张（这个装修公司都会提供），然后在上面涂涂画画，一会儿在这儿画出一道隔断，一会儿在那儿去掉一道墙，再画上各种大件的摆放，这样多画几张对比，就能找出最适合自己的住房结构来。

拆拆砌砌改布局

当然，安全永远是第一位的，在结构改造工程中，一定要注意承重墙不能拆改。

很多房屋的阳台和室内之间往往有一堵带窗户的墙，这扇窗户下部的墙体一般是不能拆的。这种情况可以考虑把阳台封闭后，把这扇窗和旁边的门都取掉，再把阳台设置成一个书房或者花草房，那未拆的半墙根据其高度还可以加上比较宽的大理石台面，让它成为一个吧台或桌面（见上页图）。

有的房间和外面阳台之间会有一扇推拉门或者很薄的轻体墙，如果阳台是封闭式而且也做了保温层，那么可以把这扇推拉门或墙拆掉，再扩大门框，这样阳台就能变成室内的一部分。阳台一般光线较好，这样整个房间不但空间大了很多，采光也会好很多。大家可以看看我家卧室阳台改造前后的效果对比（见右1、右2图），如果不是窗外相同的景观，可能你都无法想象这是同一个房间吧。

如果卫生间光线暗或卫生间外墙使其他房间的光线受到影响，可以考虑把卫生间与室内共用的墙体局部或者全部拆掉，换用玻璃砖墙，这样往往能起到很好的效果。

现在有的新房交房时，卫生间内部都会有堵隔断墙，起到干湿分区的效果，但这样的卫生间往往两边都又黑又小，这堵墙完全可以拆掉，然后用玻璃或者软隔断来分割，大大提升空间感。还是配两张我家的图片吧（见右3、右4图）。这两个卫生间原本在瓷砖和壁纸交界的地方都有堵墙，黑压压的。我拆掉墙后，

装修不上当，
省心更省钱

ZHUANG
XIU BU
SHANG
DANG
SHENG
XIN GENG
SHENG
QIAN

一个使用了玻璃隔断，一个使用了纱帘隔断，漂亮了很多。

很多厨房都是一个小窄条，装上橱柜后空间更小，在这样的厨房里给全家做饭，心情一定不会好。其实，只要打开一面墙，感觉马上就会大不同。可以把橱柜当作厨房与其他空间的隔断，这组橱柜还可以双面站人操作，家人可以一起参与料理，我家就是这样改造的，现在经常全家一起围着橱柜包饺子，非常开心。看看改造前后对比图吧（见右图）。

上面讲的主要是拆墙，在对房间结构进行改造的时候，有时还需要砌墙来划分空间。当然，除了砌墙以外，还有多种灵活的方式可以进行空间分割，只不过传统的硬性分割能更好地保证空间的私密性。比如，卧室等房间一般就采用砌墙、大型推拉门、大块的玻璃隔断等方式进行分割。

另外，你还可以采用一些活动的硬性分割，比如用顶天立地的大衣柜从卧室里分割出一个书房来。这样分割既能保证私密性还能在以后方便的时候对空间进行调整。

当然，还有一些更灵动的分割方法，比如使用屏风、珠帘、植物、流水等进行分割，既能起到分割的作用，又能起到点缀美化的效果。

当空间并不大时，甚至可以采用视觉效果来分割，也就是并没有实际的物体存在于分割处，只是靠相邻两个空间的不同背景颜色（比如墙或地或顶），或者不同高低的地面，或者不同的吊顶来区分出两个空间的不同。这可能是最省钱的分割方式了。

关于玻璃的一些知识

进行空间分割时，很多时候我们需要用艺术玻璃来代替砌墙做隔断。可是，你会发现大部分建材城卖的艺术玻璃都是俗不可耐的。如果发现你没有看上的，老板可能会给你几本画册选择，很不幸，你会同样地失望。无可奈何之下，很多人只好勉强在这些难看的"艺术玻璃"中选上几款稍微好一点儿的，于是你的家中就可能出现一块难看的玻璃隔断，它甚至会影响整个装修的档次。

其实，艺术玻璃不一定非得在商家提供的图案中选择，现在艺术玻璃的加工大部分是依靠电脑，你可以提供你自己的涂鸦，也可以选择一些你喜欢的油画让商家给你加工，出来的效果会非常不错。

选择艺术玻璃的时候还应该关注厚度的问题，特别是无框的大面玻璃，一般选择10mm左右的会比较安全，而且购买时最好自己量一下，以免商家用薄的代替。

使用钢化玻璃，或者给普通玻璃贴上防爆膜，都是比较稳妥的做法。

我们经常看到有商家用普通玻璃代替钢化玻璃糊弄消费者的报道。那么，究竟怎么识别钢化玻璃呢？这里有些小窍门：

- 最简单的是戴上带偏光的太阳眼镜看这块玻璃，如果是钢化玻璃，应该有彩色的条纹斑。
- 钢化玻璃的平整度会比普通玻璃差，用手使劲摸钢化玻璃表面，会有凹凸的感觉，而且钢化玻璃较长的边会有一定的弧度，如果把两块较大的钢化玻璃靠在一起，就能明显地看出这个弧度。
- 在光下侧看，钢化玻璃会有发蓝的斑。

装修不上当，
省心更省钱

ZHUANG
XIU BU
SHANG
DANG
SHENG
XIN GENG
SHENG
QIAN

封闭阳台或露台之塑钢和断桥

开放式的阳台或露台总是不利于使用，很多朋友都会将其封闭起来。目前市面上比较常见的用于封闭阳台或露台的材质有以下几种。

塑钢：中间是钢结构，外面包裹着塑料的挤压成型的型材。一般为白色，如果需要别的颜色只能在表面贴 PVC 膜，但这层膜时间久了容易变色脱落。

断桥铝合金：用白话讲就是里外两层都是铝合金，中间用塑料型材连接起来，这样就既具有铝合金的耐用性，又具有塑料的保温性，它的表面可以喷涂成多种颜色。

铝包木和木包铝：这是比较高档的新型门窗，是通过机械方法把实木和铝型材复合在一起，既保有实木的装饰性，与室内其他风格统一，又具有铝合金的优点。

这三种材质中，铝包木和木包铝价格比较昂贵，而且一般是有特殊需求的人群才会选择。塑钢和断桥铝合金适合普通人群，但往往让人犹豫不定，不知该如何选择。现在我讲讲它们的区别。

和塑钢门窗比起来，断桥铝合金门窗最大的优点是强度好、耐腐蚀、不易变形、水密性好（下雨的时候不会有水流到室内）、气密性好（刮风的时候不会有灰尘钻进来），其保温性和塑钢门窗差不多，但价格比塑钢门窗贵得多。断桥铝合金门窗的选购应该注意以下几点：

- 断桥铝合金型材必须选择品牌厂家生产的。
- 断桥铝合金型材一般有不同的型号，比如 55、65、80 等等，这实际上指的是型材的宽度，一般咱们家里的窗户框架都应选用 55 型材。
- 若要达到比较好的隔音、保温等效果，要选择真正的中空玻璃，而不是普通的双层玻璃。中空玻璃是指两块玻璃留有一定间距后密封，中间一般是惰性气体，这都需要机器加工；而普通的双层玻璃就是简单地把两块玻璃手工粘在一起，夹层肯定会漏气，与中空玻璃性能相差很大。

因为手工双层玻璃会漏气，所以有个简单方法可以鉴别它和中空玻璃，就是冬天观察两层玻璃之间有没有冻，春夏观察两层玻璃之间有没有雾气。

另外，真正的中空玻璃在两块玻璃之间会有根铝隔条，而双层玻璃中间一般就是黑色的密封条或者密封胶。

为达到效果，还应该选择 12mm 的中空，两边的玻璃应该达到 4 ~ 5mm 的厚度。

* 除了材料外，安装的水平对门窗的最终效果也有很大影响。一般由商家负责门窗的安装，所以应该对其安装水平进行考察，最好的办法就是到其已经安装完成的工地去看看。

平开窗和推拉窗选择哪个

除了材质以外，门窗的开启方式也影响到其性能。这里给大家分析一下常见的平开和推拉这两种方式的优劣。

* 平开窗一般用胶条密封，推拉窗用毛条密封，从而平开窗的密封性会比推拉窗强，从而平开窗在隔绝灰尘、雨水等方面效果更好；
* 平开窗一般用两点锁或天地锁进行锁闭，而推拉窗是用勾锁或碰锁，所以在气密性方面平开窗也强很多。
* 在使用上，推拉窗开启灵活，而且不会占用其他空间，而平开窗开启、关闭都比较麻烦，现在建筑一般还不允许窗户往外开，所以平开窗开启后必须占据室内的一部分空间，有可能会妨碍到此空间的使用。

装修不上当·
省心更省钱

ZHUANG
XIU BU
SHANG
DANG
SHENG
XIN GENG
SHENG
QIAN

•价格上，同样质量的平开窗贵于推拉窗。

根据以上分析，平开窗和推拉窗各有优缺点，所以大家可以根据使用位置的不同，选择不同的开启方式，比如封闭阳台时，如果室内到阳台还有门，而且阳台空间比较小，就可以选择推拉窗。

结构改造省钱细节

拆下的旧物认真对待

开发商原配的一些东西，你可能看不上，都会拆下来，比如散热器、门窗、镀锌管等等。一些工人会提出："我帮你拆，你把这些东西给我，我就不收工钱了。"但你要多个心眼，最好找收废品的查询一下这些东西的价值，你会发现很多时候卖废品的钱是远远超过工钱的。另外，这些废品最好等全部拆完，再批量地卖，多问儿家收废品的，会有更大的收获。

拆除工程专门找人做

装修公司对拆瓷砖、拆墙之类的活儿一般是按平米报价的，如果家里拆改大，这可是笔不小的开支。这个时候可以另外找装修小工干，告诉他所有的工作量，让他给你报个总价，你会发现他报的价比装修公司的价格低很多。当然，这种操作是有风险的，要防止找来的是个蛮干分子，一下把你家砸得千疮百孔，所以最好找熟悉的工人。

以前的地砖不一定要拆掉

如果打算铺木地板，可以把原来的地砖打扫干净，把木地板直接铺在上面，又平整又方便，而如果把地砖拆掉再用水泥找平，可是一笔不小的支出，而且最后可能还没有直接铺的平整。直接铺木地板唯一的缺点是层高会损失 1 ~ 2cm。

SHENG QIAN
SHENG XIN
SHANG DANG
ZHUANG XIU BU
SHENG GENG

06

厨卫设计

厨房和卫生间的设计会在很大程度上影响隐蔽工程的设计，所以应该在隐蔽工程开工前就把厨卫方案确定下来。

体现生活方式的厨房设计

厨房是最要按照你自己的生活方式来打造的地方，千万不能盲目照搬别人的经验，一定要多想想这样对自己是不是最方便顺手才行。

想想你自己平时习惯把调料放在哪儿，就把调料位置设计在哪儿，不要盲目地追求所谓先进的橱柜拉篮——很多人给橱柜安装的调料拉篮最后都是荒废不用的。

你喜欢使用哪些厨房电器？微波炉、面包机、果汁机？别忘了给它们规划好地方，既要有收藏的地方，又要有使用的空间。

其他还有很多细节，很多人盲目地按照别人所说的"大家都这么设计"去设计，结果给自己带来种种不便。想一想，多少个子并不高的主妇把微波炉架安装在橱柜吊柜里面，结果每次翻热汤菜，得像上供一样小心翼翼地将碗放进微波炉，这就是忽视自己习惯的结果。

还有橱柜的高度，很多人都盲目遵从所谓标准高度。标准高度是标准的，可咱们每个人的身高和习惯却不一定是标准的，如果完全按照标准高度做橱柜，最后不是炒菜时架手，就是切菜时累腰。

关于橱柜高度的确定，我摸索了一个最简单准确的方法：找一个台面，通过垫东西到差不多的高度，然后把炒菜锅放在上面，模拟炒菜的动作，找到让你最舒服的高度尺寸，用这个尺寸减去你所要购买的灶的炉架高度就是你的橱柜台面落地最合适的高度了。一般来讲，这个高度你切菜的时候也正好合适。如果这个高度你切菜时觉得不合适，那只能把你家橱柜做成高低台了：切菜的部分的高度和放炉灶的部分的高度不一样。这样造价会高一些，但外观上往往更漂亮。

关于橱柜设计的这类心得，我有一份《诗玫的橱柜设计经验汇总》附在本书的附录中，你在设计橱柜的时候别忘了查阅一下。

手工制作橱柜 VS 工厂定制整体橱柜

讲到橱柜，可能很多人都在犹豫：是到品牌店定制橱柜，还是手工制作呢？我简单分析一下这两种方式的优劣吧。目前，手工制作橱柜主要有两种方式：

- 让装修公司的木工直接用木板在现场做。这种橱柜的缺点可以说数都数不完，直接可以否掉。
- 选择近几年比较流行的砖砌橱柜。支持派认为砖砌橱柜的优点是"环保、防水、结实、个性、实惠"，但在我看来，砖砌橱柜最主要的优点只有一个，就是"实惠"。下面是具体分析。

首先是"环保"。 其实只要找品牌正规的橱柜厂家定制橱柜，环保一般都是没有问题的。橱柜虽然用的多为刨花板，但是三聚氢氨双饰面刨花板，这种材料双面的饰面是不透气的，也就是说虽然刨花板有一定的甲醛释放，但都封在板材里面了，只能从断面处释放。这样，选择大厂家就显得非常重要了。可能都是用一样的板材，但大厂家所用的封边设备和封边胶好，能达到非常密实的效果，也就基本上能避

免刨花板中甲醛的释放。

其次是"防水"。如果使用上面所说的封边好的三聚氢氨双饰面刨花板，一般的水是不怕的。即便有水从板材表面流过也不会让板材变形，除非你把它泡水里，但正常情况下，没人会把橱柜泡水里——即便是水管爆了，由于橱柜一般有 10cm 左右的腿，橱柜也不会被泡水里。

然后是"结实"。我想只有用大锤子砸，才能显出砖砌橱柜更结实。实际上，一般厂家制作的橱柜，随便站一两个人在上面是没有问题的，而且我目前还没有看到过谁家把这种橱柜用塌了。

而砖砌橱柜的缺点也是很明显的。

浪费空间：同样的空间如果找厂家制作橱柜，可以获得更多的使用空间，因为砖块的厚度会侵占很大一部分空间。

容易藏污纳垢：砖砌橱柜由于是用瓷砖贴面，瓷砖和瓷砖交界的缝隙是非常难清洁的。

所以选择砖砌橱柜还是要谨慎，毕竟整体橱柜是时代进步的产物，砖砌橱柜其实很多年前咱们家就用了，不可能越来越倒退啊。

厨房空间之粗管细管隐身大法

厨房的管路总是很多，如果都露在外面，肯定让厨房难看不少。怎么隐藏这些讨厌的管路呢？

上水管：暗埋入墙或者从吊顶中走，水表也包入橱柜中。

下水管：很多人都用砖把下水管包起来，但这样做会占去很多空间。我的建议是做橱柜的时候用橱柜把它藏起来，因为管子一般只能占去橱柜柜体中的部分空间，这样这个柜体中还有很多空间可以利用。

抽油烟机的烟管：这个要考虑周全，因为很多烟道的预留孔都偏低，要先把它尽量往屋顶的方向挪动，一般都能挪到吊顶里面，这样在安装吊顶那天就要把烟管安装好藏在吊顶里面。这是个很容易疏忽的问题，因为一般是先吊顶再安装橱柜，装橱柜的时候再安装抽油烟机，如果这时候才安装烟管就无法放入吊顶里面了。

  燃气热水器的排烟管：这个一般是要伸到室外的，和抽油烟机的烟管一样，应该藏在吊顶里面。

  燃气表和燃气管：立管最好都用橱柜藏起来，方法和下水管一样，横着的管最好从吊顶中走。

  看看上面我家厨房的一张照片吧。图上标有灯泡的地方分别藏有：下水管，水表，燃气热水器，烟管，上水管，气管，气表。呵呵，不告诉你看不出来吧？

厨房太小，东西太多，储纳空间怎么增加

  厨房总有无数的东西需要收藏，怎么才能有更多的收纳空间呢？

- 可以考虑在厨房做顶天立地的全高柜，它能放下的东西真的是太多了。
- 橱柜和房顶之间一般还有距离，可以考虑如右图中那样把这个空间也利用起来。

- 拐角柜一定要好好设计，才能充分利用里面的空间。又省钱又好的设计是把拐角处的两个互相垂直的门做成联动门，一开就全开了，这样整个拐角处的空间可以全部露出来，非常方便取放东西。
- 水槽下和灶台下的柜体，一般非常大，但由于有较多管线，大多处于半浪费状态，其实有专门用于这两个位置的抽屉、拉篮，可以考虑选用，充分利用这两处空间。
- 橱柜上下柜之间的墙面可不要浪费了，安装上橱柜背墙挂件可以放置很多东西，如菜板、调料盒、铲、勺、洗碗用具等等，不然这些东西只能放在台面上或者柜体里面，占用的空间可不少。

突破思路设计卫生间

卫生间在设计时应注意以下几点：

- 地面材料一定要选择在有水的情况下都不会打滑的。
- 干湿一定要分区，即便是很小的卫生间，通过合理设置浴帘也是可以实现的。
- 地面一定要向地漏处倾斜。
- 尽量选择现在市面上的新型防臭地漏，虽然价格在 50 元以上，比传统地漏贵很多，但整体投资并不大，却能给以后的生活带来太多舒适与卫生，非常值得。
- 较大的卫生间可以考虑多样化的设计，比如在干区可以使用防水壁纸，卫生间会显得缤纷很多。
- 如果没有窗户，那么必须选择吸力强的排风扇以便吸走卫生间内的湿气、浊气。排风扇要根据卫生间的大小选择合适的功率，特别要选择电机工作声音小的。如果在卫生间泡澡，那么就应该选择更大功率的排风扇。另外，要使排风扇工作效果更好，就应该给卫生间留好进气口。大家知道，使用排风扇的时候，卫生间的门大多是需要关闭的，如果卫生间的门密闭得非常严，那么排气的时候进入室内的空气会非常少，排气效果会大打折扣，所以把卫生间的门设计为百叶的会更有利于卫生间排气扇的工作。

- 如果你看不上那些难看的塑料浴帘，而你的卫生间排气又好，其实可以选择普通的纱帘来制作浴帘，这样的话选择多很多，也漂亮很多。很多人担心这样会产生发霉等问题，但我自己家就选择了一种纱帘来做浴室的浴帘，还制作了漂亮的帘头，冬季我几乎会天天泡浴缸，水汽非常大，但由于我的卫生间有扇窗户，到目前我还没有发现这种浴帘有发霉的危险。

- 卫生间如果有充足的空间，还可以考虑把你的洗手台做大些，然后把梳妆台设置在这里，这样早上起来梳洗打扮的时候会非常方便，而且还不用担心在卧室里化妆会影响另外一个人的休息了。我家就是这么设计的，感觉非常好，如上图所示。

- 很多人在装修中会为家里安装一个陶瓷的拖把池，很占地方，我个人感觉这完全是个没有太大用处的东西，现在的家庭日用品已经非常丰富了，很多塑料的拖把桶，既轻便又方便，可以在擦地的时候，擦到哪儿拎到哪儿，完全不用往返于房间与拖把池之间。

- 卫生间一般都有大大粗粗的难看的立管需要包起来，装修公司一般会建议你用"轻钢龙骨＋水泥板"做底层，然后再在上面贴瓷砖。但这样施工往往过不了多久就会在两面相交的阴阳角处出现裂纹，瓷砖也就从这儿裂开了。其实最便宜、最结实的方法是直接用红砖或者轻体砖斗砌后再贴瓷砖，这样施工简单，成本低廉，而且踹都踹不坏，还可以在上面钉钉子挂东西呢。

装修不上当，
省心更省钱

ZHUANG
XIU BU
SHANG
DANG
SHENG
XIN GENG
SHENG
QIAN

怎么让双卫不沦为简单的功能备份

很多户型都有两个卫生间，可惜很多人都只是把第二个卫生间简单变成一种功能备份，而没有充分设计出不同的功能。

首先，一个卫生间是淋浴的话，那么另外一个卫生间最好是可以泡澡的，如果你觉得家里只要有一个洗澡的地方就足够了，那么另外一个卫生间甚至都可以不设置洗澡的设备，而把多出来的空间挪做他用。

浴柜面盆的设计方面，一个卫生间可以是以洗衣为重点的（最好洗衣机也安排在这个卫生间），那么可以选择那种大大的可以洗衣的面盆，像我家这种超大洗衣面盆就特别受我妈妈的喜爱，如左图所示。

而另外一个卫生间则可以是以洗漱梳妆为重点的，可以为这个卫生间配置大大的梳妆镜和存放化妆品的置物架。

马桶方面，如果家人的身高差别比较大，那么可以给两个卫生间配置不同高度的马桶，这样不同身高的人就可以选择自己感觉最舒服的马桶使用了。

浴室柜之一二三

只要卫生间有空间，就尽量安装浴室柜，因为浴室柜的实用性比柱盆强很多。

- 卫生间里有很多东西需要收纳，有个柜子的话，可以把乱七八糟的东西都放进去。
- 面盆周围有个台面，可以方便地摆放很多用品。

在安装浴室柜时应注意以下几点：

- 家里的面盆至少有一个应该是大而深的，这样可以很方便地清洗衣物等。
- 浴室柜的台面要尽量做大些。
- 如果有必要可以给浴室柜上方的镜子也配一个镜柜，这样又可以增加很多收纳空间。

为了最好地利用卫生间的空间，定制浴室柜是不错的选择，而且可以让做橱柜的商家给你一起制作，不但价格上会有一定优惠，而且还能和家中的风格统一。

浴室柜台面的选择

浴室柜台面目前常见的有以下几种。

天然石材：浴室柜一般不会太大而且不用造型，使用起来也不会有油污，所以天然石材不能接缝和渗透的缺点，在浴室柜台面的应用上就不存在了，因此造型简单的浴室柜台面是可以选择天然石材的。

各类人造石材：浴室不存在高温，也不会产生大力冲击台面，油污渗透的威胁也小，所以一般的人造石材台面都可以用于浴室台面。

和面盆一体的陶瓷面：这个应该是较为理想的选择，陶瓷面耐磨、不易挂脏，而且和面盆一体更易清洁。

和面盆一体的亚克力面：亚克力面不耐磨，用旧了容易有划痕，而且容易积污，不太适合用于浴室柜台面。

ZHUANG
XIU BU
SHANG
DANG
SHENG
XIN GENG
SHENG
QIAN

装修不上当，
省心更省钱

不同样式洗脸盆在使用上的不同

对于空间比较小的卫生间，柱盆是不错的选择，而且很多柱盆造型还非常漂亮，选择柱盆最要注意的是高度是否和家人的身高相宜。柱盆分为台上盆、台下盆和半挂盆三种。

台上盆：也叫艺术盆，选择造型漂亮的面盆和浴室柜完美搭配，会产生非常棒的装饰效果，而且稳定性是最好的。但是，使用台上盆时水比较容易溅到盆外，打扫起来略显麻烦。另外，使用台上盆时应注意浴室柜的高度不要设计得太高。

台下盆：视觉效果比较一般，但非常方便打理，清洁台面的时候可以把积水等直接打扫进盆里面。但台下盆的安装相对比较麻烦，如果安装不好，还可能产生脱落的危险，而且台下盆一旦出现问题，更换起来非常麻烦，需要把整个台面掀起来。

半挂盆：盆沿在台面之上，盆体在台面之下，半挂盆相对于台下盆来说，比较容易更换，安装也比较容易，没有特别的优点，也没有特别的缺点，也是大家选择得最多的一种面盆。

不同材质洗脸盆的特点

普通陶瓷面盆：大多为白色，造型特别多，不易挂脏，容易清洁，是最常见的面盆。

手绘陶瓷面盆：造型丰富，花纹漂亮，有较强的装饰性，表面纹理比较容易挂脏，但釉面好的也比较容易清理。

玻璃面盆：这种面盆表面上看很容易清理，其实却不然，它非常容易有水渍，会怎么也清理不干净，在水质比较硬的地区更是如此。

不锈钢面盆：皮实，但不太适合家庭使用，否则太像公共卫生间了。

浴缸是否真的是 "半年闲"

如果你打算给卫生间购买一个浴缸，相信你一定会听到很多反对的声音，很多人会说浴缸是 "半年闲"，利用率非常低。

浴缸这个东西，其实真的是非常个性化的，如果你喜欢泡澡，浴缸可以说是必不可少的。比如我，特别是在冬季，从寒冷的外面回到家里，美美地泡个热水澡，再舒舒服服地躺在床上看着电视入睡，是我不能舍去的享受。

很多人觉得使用浴缸是非常麻烦的事情，其实不然。如果家里使用的是大升数的燃气热水器，只需打开水龙头，很快就可以放满水，而且购买表面光滑的亚克力浴缸，清洁起来也非常方便。

另外，如果允许，购买双人浴缸会是更好的选择。两个人一起泡澡，不但从心理上觉得更省水了，而且两个人可以聊天，大大地增进感情啊。

按摩浴缸谨慎选

腐败的按摩浴缸，肯定让很多人都心动过。用按摩浴缸可以方便地享受泡泡浴，泡澡的时候还能享受水流的按摩，多美啊！我曾经也是那么地向往，并在第一次装修的时候购买了一个大大的按摩浴缸，而使用了以后我才明白这是个多么错误的决定。

每次洗澡后，污垢都会进入按摩浴缸里的那些出水孔里，由于其倾斜的角度，怎么都冲洗不出来，以至于我每次使用浴缸的时候，得先放上水，加入清洁剂，打开按摩浴缸的电源，让它先清洗一遍才能使用。可想而知，这是多么麻烦和浪费水啊！

另外，享受按摩功能的时候也不如想象中舒服，由于卫生间的空间不是很大，而按摩浴缸启动按摩功能时的声音在这个小空间内会显

装修不上当
省心更省钱
ZHUANG
XIU BU
SHANG
DANG
SHENG
XIN GENG
SHENG
QIAN

得非常巨大，本来大家泡澡都是想静静地放松一下，但在这种噪声下，真的很难放松。

所以，打算选择按摩浴缸的人，一定要三思哦。

常见浴缸的种类

铸铁浴缸：铸铁制造的，表面覆搪瓷。一般造型比较简单，浴缸内部也没有过多的符合人体曲线的凹凸，比较典型的是华丽的贵妃缸，非常沉，安装比较麻烦，水在里面凉得也比较快，但经久耐用，表面不易磨损，不挂脏。

亚克力浴缸：人造有机材料制造。造型多样，大部分内部都有符合人体曲线的造型，保温效果好，方便安装，而且价格比铸铁浴缸便宜，但表面比较容易被硬物划伤。

其实根据我实际使用的情况，感觉用亚克力浴缸还是比较好的选择。亚克力浴缸唯一的缺点就是表面不耐磨，但实际使用中小心一点的话不会有硬物摩擦。另外，有人会说亚克力容易老化，但我有个浴缸用了5年，除了觉得颜色略微有点儿发黄以外，没有什么别的问题。

选购浴缸注意点

购买浴缸时最好别买上图中这种无裙边的款式。这种浴缸在安装

时需要用砖把它砌在里面，虽然看着比较好看，但以后的维修更换非常麻烦。最易遇到的麻烦是，浴缸的下水管很容易被头发等物堵住，普通浴缸只要把下面的软管抽出来通一下就可以了，而这种砌在砖里的浴缸，虽然也留有检查口，但修理起来非常麻烦。

另外，要选购表面光滑无孔眼的浴缸，日后不容易挂脏，还应该用手敲击一下浴缸的表面，感觉一下它的厚度——特别是亚克力浴缸，应该尽量购买厚一些的。选购亚克力浴缸时特别要注意其钢架是否结实耐用，最好站到浴缸里面去感受一下。在确定外形尺寸合适之后，可以躺到浴缸里去试一下是否舒服，尽量选择腿可以伸直的款式，这样在使用时会好很多。对于外形尺寸比较小的浴缸，可以选择深一些的造型，这样也能实现全身浸泡。如果浴缸内部底面比较大，应该选择带有凹凸防滑的产品，不然在洗浴时很容易在浴缸里滑倒。

浴帘、淋浴屏和淋浴房的比较

浴帘：这个是最灵活，最省钱的方案，无论是什么形状的淋浴区都可以很方便地通过安装浴帘来达到简单的干湿分区（见右图）。同时，它的缺点也比较明显。

* 洗澡的时候浴帘很可能会贴到你的身上来，这种湿乎乎的感觉非常不好。
* 浴帘很难让卫生间绝对地干湿分区，总有些水会越界。
* 如果是不通风的卫生间，浴帘比较容易发霉，过一段时间就必须更换，当然这一点对很多人来说也是优点，因为浴帘更换起来比较容易，你可以经常根据不同的心情更换新的浴帘来让浴室焕然一新。

ZHUANG
XIU BU
SHANG DANG
SHENG
XIN GENG
SHENG
QIAN

装修不上当·
省心更省钱

淋浴屏：如果空间条件允许，这个是我最推荐的选择。它比较适合于规整的淋浴区，其实就是在墙上安装一道玻璃门，地上对应地砌一道门槛，能够绝对地干湿分区，这样的淋浴空间几乎是没有什么缺点的，如左上图所示。

淋浴房：这种整体淋浴房曾经流行过，但现在越来越多的人意识到其缺点，所以它已经不太受大家喜爱了。淋浴房最主要的问题是在里面洗澡非常憋闷，虽然上面有排风装置，但还是不够，而且其卫生清洁也比较难打扫。另外，这种淋浴房一旦坏了很难修理，而它们的门一般都是异形推拉式的，很容易坏，所以说不定什么时候你就被憋在里面出不来了，如左中图所示。

浴帘悬挂注意事项

浴帘的悬挂一般有两种方式：一种是安装柔性浴帘轨道，另外一种是安装浴帘杆。

柔性浴帘轨道特别适用于浴帘围挡的区域是异形的情况。但安装柔性浴帘轨道时有一个需要特别注意的情况，就是卫生间一般会安装铝扣板，柔性浴帘轨道会安装在铝扣板上，所以需要先确定好轨道的具体安装位置，然后安装铝扣板的时候在对应的位置加龙骨加固，不然时间长了，铝扣板容易变形。选择这种轨道的时候一定要在商家挂了浴帘的情况下来回拉动浴帘，拉动起来越轻松、越无阻尼感的越好，如左下图所示。

浴帘杆分为膨胀杆和用螺母固定在墙面的两种。如果家里需要挂的是直的浴帘杆，并且两面都有墙面支撑点，就可以选择膨胀杆，这种浴帘杆安装、挪动都非常方便，但最好是购买质量好的，这样还可以在上面搭浴巾之类的东西，如右上图所示。

如果是弧形的浴帘杆，就最好选择两头是用螺母固定在墙面上的比较保险，而且一定要选择不锈钢管的，要管壁比较厚、比较结实的，如右下图所示。

卫生间取暖

卫生间现在比较常见的取暖方式有以下两种。

浴霸：说白了就是用超大的灯泡照着你取暖，这种取暖方式是靠辐射传导热能，所以只有照得到的地方才会暖。因此，浴霸一定要安装在淋浴处的正上方，也就是你洗澡的时候要保证它能照到你。浴霸取暖还有个特点就是热得快，几乎一开就热了。但浴霸取暖也有不足，就是浴霸所发出的超亮的光线对眼睛有伤害，这种伤害对成年人的影响相对较小，对小孩的影响相对较大。

暖风机：从机器里吹出热风来取暖，这种取暖方式是靠对流传导热能的。和浴霸相反，如果洗澡的时候，直接让热风吹着你，有可能不仅不能取暖，反而会觉得冷，因为空气的流速加快了，你身体表面的水分的蒸发速度也加快了，带走了你更多的热量。所以，暖风机不宜正对着洗澡的地方。此外，暖风机加热的速度较慢，需要开一阵才会暖和。

马桶的选购

目前市面上常见的马桶主要有三种。

直冲式：这种原理简单，便宜，但冲水的时候声音比较大，现在已经很少有人使用了。

虹吸式：这是目前的主流产品，种类非常多，什么喷射虹吸、漩涡虹吸、气动虹吸等等。其主要特点是利用特殊的管道造型，在冲水时产生吸力把污物连冲带吸处理干净，比较省水，噪声也很小。

壁挂式：这是比较新的产品，从国外流行过来的，简单说就是把马桶的水箱预埋到墙里了，优点就是卫生间显得格外整洁、漂亮。但壁挂式马桶的价格较高，安装也比较复杂，要把水箱包起来，就要砌假墙，这也是一笔额外的支出。

初步确定自己要选购的马桶类型后，应该按照以下步骤再进一步鉴别。

- 用手摸马桶的釉面，要光滑，尽量无针孔，这样的马桶以后才不爱挂脏。
- 把手伸到马桶的排污口深处，摸摸那里是否也有釉。
- 打开马桶的水箱盖，观察水件的质量，按一下冲水按钮，感受其阻尼感，马桶水件的好坏直接影响到马桶的耐用性。
- 最好让商家试验一下冲水效果，好马桶应该能一次冲下五六个乒乓球。
- 坐到马桶上去感觉是否很舒适。相信大家都有过在马桶上坐得腿发麻的感受，所以坐着舒服也是非常关键的。
- 我个人感觉，选择带缓冲的马桶圈还是非常有用的，特别是晚上使用时，能很好地避免马桶圈的撞击声对家人的影响。

最后，现在选择马桶当然都应该选择节水型的。

厨卫吊顶的选择

厨卫吊顶材料一般有以下一些选择。

防水石膏板：这个应该是最不推荐的，石膏板再防水，也是不防水的，非常容易受潮变形，而且受潮后容易造成表面物脱落，比较难以忍受。

桑拿板：这个毕竟是木头，所以旧了难免有发霉等隐患。但如果家里厨卫非常大，而且通风也非常好，还是可以选择的，毕竟它能达到的装饰效果是别的材质所无法替代的。

PVC 吊顶：这种材料基本能满足厨卫吊顶的需求，唯一的缺点就是在热的环境下容易变形，这是一个致命伤，所以还是不太推荐使用。

铝扣板：这应该是没有什么缺点的、目前用于厨卫吊顶最好的材质，只是产品太多，良莠不齐，消费者在购买的时候容易被蒙，而且购买也有很多陷阱，这个我在后面会有专门介绍。

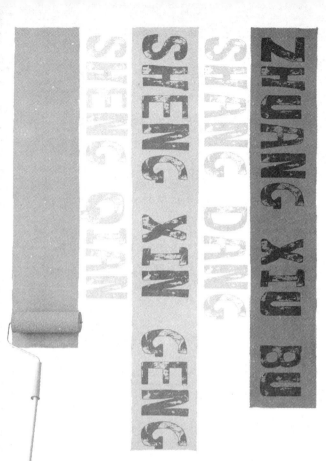

07

隐蔽工程

简而言之，所有装修完毕看不到的工程，都可以称为隐蔽工程，比如水、电、暖、气改造以及防水施工等。隐蔽工程直接关系到日后生活的便利与安全，因此从设计到材料到施工质量，丝毫不能马虎。

隐蔽工程先期设计

很多业主都很困惑：水、电、暖、气改造的先后顺序究竟该怎么安排呢？这里我给大家介绍一下我自己总结的关于工序的经验。

首先，天然气改造是最严格的，而且几乎是垄断的，只能由燃气公司的人来改，所以如果需要，就应该最先进行天然气管路的改造。

然后，最好把散热器工程师和水电工程师约在同一天测量并且确定改造方案。为什么？因为这三项工程都涉及到较大面积地铺设管道，如果不好好安排很可能出现必须两根管道交叉铺设的情况（这肯定是不行的），所以把三个师傅叫到一块儿就好商量了，可以一起安排哪根管子从屋子中间直接穿过去，哪根管子从屋子边上绕过去。

一般来说，设计线路时首先要保证暖气管不绕太多弯，以免造成压力下降，以后散热器不热。电线也要走较短的线路，自来水管可以绕一下。

统一安排好了，确定好了方案以后，当天最好带几根红粉笔到现场，将商量的结果立即用粉笔标注在墙面或地面上（标注的时候不但要标注是什么东西，而且要标注大概位置，距离左边墙面多少米，距离地面多少米，等等）。虽然专业的师傅也会做好记录，但在现场直接做的醒目标记绝对可以更好地防止错漏。

在改完天然气管路后，尽量先改水电，再改散热器。为什么？因为现在的新房，很多散热器管是从地面下铺设的，改水电开地槽时，很容易发生把水暖管打破的情况。所以，先改水电，再改散热器，可以进行弥补施工。

另外，建议大家在约这些师傅上门之前，自己根据自己的需求预先做好大概的统一规划。如果都等师傅上了门再考虑，肯定非常耽误时间，而且还容易由于时间比较紧做出不太合理的设计。

水电路改造方案设计

拿着某个电器的插头在屋里转一圈也没有合适的插座——相信大家都有过类似的生活经历吧。装修的水电路设计，总是有这样那样的考虑不周，给日后的生活带来不便。即便我的第二套房子也都有遗憾，所以这几年我一直在记录，终于整理出一份《史上最强最全的装修水电路改造设计备忘录》，附在本书的附录与大家共享，供大家参考，如果大家有我这个备忘录里没有收录到的经验，请务必告知我。

水电路施工注意事项

现在的水电改造方案越来越复杂，地面有时候需要走多条管道，如果地面打算铺瓷砖，那么应该注意在每条管道之间留出缝隙，不然以后铺贴瓷砖时，水泥着不了地，瓷砖贴不牢。

在开槽埋管时，如果碰到钢筋，一定不能破坏，否则会大大影响

ZHUANG
XIU SHU
SHANG
DANG
SHENG
XIN GENG
SHENG
QIAN

装修不上当，
省心更省钱

建筑的安全性。

注意观察一些开发商预留的电话插座、网线插座内有无模块，有无引线。很多时候开发商给你安装的电话插座里面只有一根钢丝供你自己引线用，而好多业主会误以为里面已经装了线，等入住后才发现是个空面板，这时再找人安装往往非常麻烦。

在进行电路改造之前还必须检查一下开发商预埋的电线和施工是否合格。有很多人入住后电路出现故障了才发现开发商使用的全是劣质电线，甚至还有的开发商埋线不穿管，直接把电线埋在水泥里。如果检查不合格，就直接全部换掉。

空调安装最好分两步走，首先在隐蔽工程施工阶段就应该根据购买的空调室内机的形状和打算悬挂的位置，打好空调孔。由于空调打孔一般是由空调厂家提供的免费服务，所以基本上空调应该在装修的一开始就购买，让厂家先提供打孔服务，然后在室内墙面装修完成之后，再让空调厂家来完成挂机安装。此时由于空调孔已经打好，安装过程不会对室内造成污损，所以只要打好了孔，即便在入住后再进行挂机安装都没有问题。

再好的电路质量，也难保以后不会出现故障，需要更换线路。这个时候，埋在墙里的电线能够方便地拽出更换就显得非常重要了。所以在电改施工中要避免造成日后无法拽动的"死线"：

• 最重要的当然是要使用穿线管埋线。

• 电路走线应该把握"两端间最近距离走线"的原则，不能无故绕线，这样不但会造成死线，还会增大电改投入。

• 一根穿线管中不要穿太多线，穿线后都应该拽一下，看看是否可以轻松拽动。

• 线路若有接头，必须在接头处留暗盒扣面板，这样日后更换和维修都方便。

• 管径小于 25mm 的 PVC 穿线管拐弯应用弯管器，不能加弯头拐弯，直角死弯往往会造成死线。

选择什么样的热水器

热水器的选择会严重影响水电路改造方案，所以在水电路改造前就应该确定购买的热水器型号，目前常见的热水器有以下这些。

太阳能热水器：如果是在日照时间较长的城市，而且具备安装条件，这应该是比较好的选择。太阳能热水器非常环保，长期使用也将节省大额费用，只是一次性投入会比较大，而且日后维护的需求也较大，所以应该选择品牌信用度高的产品。

储水式电热水器：其实，我挺不能理解为什么很多具备燃气热水器安装条件的家庭依然选择电热水器，电热水器应该是常见热水器中最不环保也是最浪费银子的选择。

* 热水方式不合理。无论它采用多么智能化的加热模式，总是先加热一定量的水以供使用。如果预加热的水少了，会有洗澡时水不够的尴尬，而预加热的水多了，又会造成能源浪费。而且每次洗澡之前还得先等待那么一段时间，实在是不方便。

* 用电热水器时，如果想在家里实现所有龙头都双路供水，就必须把电热水器一直开着，非常浪费能源。

* 电加热的费用比燃气加热的费用贵（按北京的电价和天然气价格测算，用电加热1壶水的费用差不多可以用燃气加热3.5壶水了）。而且电热水器所占的地方比较大，安装要求高。

很多人选择电热水器的原因在于电热水器可以安装在卫生间里，这样在每次用水的时候，不会先出来一段凉水。其实用燃气热水器时，如果距离稍远，可以考虑在淋浴处放个桶，把先出的冷水储存起来。其实先出的冷水也不会太多，以一般家用水管内径1.4cm计算，如果从燃气热水器到出水口有10m的管长，那么每次放出的冷水在30cm口径的水桶里只有2cm左右的高度。

装修不上当·省心更省钱

ZHUANG
XIU BU
SHANG
DANG
XIN GENG
SHENG
QIAN

所以，如果具备燃气热水器的安装条件，还是选择燃气热水器比较明智。

燃气热水器：从前面的分析可以知道，燃气热水器是比较环保的选择，用多少水加热多少水，随用随热。很多人会担心燃气热水器的安全问题，其实只要选择知名品牌的强排产品，并且正确安装，燃气热水器的安全度是非常非常高的，就和咱们使用正规燃气灶一样几乎不可能发生任何事故。另外，现在市场上销售的燃气热水器都有能效标识，我们应该选择能效标准高的产品。

家装中最容易"现丑"的管线及弥补方案

壁挂电视周围的各种电源线、信号线。首先必须在电改前确定电视的大小尺寸，并结合沙发或者床的高度确定电视落地的高度，然后要根据电视的形状确定插孔位置。这个时候一定要避免一个低级错误：把插孔留在电视的正后方。因为那样是没法使用的。插孔最好是留在电视的上边沿或者下边沿，让电视正好可以挡住插孔，而又能方便地使用插孔。有的电视是翘边的，正好可以把插孔留在边上。即便计算精密，可还是有失算的可能，这时候其实还有个方法补救。那就是给壁挂电视做个像油画的画框般的东西，固定在墙上，正好可以挡住那些难看的线和孔，而且设计得好的话，这个框会让你的壁挂电视显得非同寻常哦。

空调的电源线、连接管。根据空调室内机的外形尺寸确定挂机位置后，尽量在靠近的地方打孔，并在合适的位置留好电源插座，可失算的概率依然很大。比如，我就曾遇到过这样的情况：由于安装了较宽的石膏顶角线，空调安装位置只好下移，结果挡住了电源插座，于是只好调节空调安装位置，最后电源线和连接管都有一大截极端丑陋地那么暴露着。当然也有弥补的办法，我买来好多仿真绿植和花卉，把它们缠了起来，看起来还挺漂亮的。

镜前灯的电源线。虽然之前可能计算得非常精确，可有时候由于镜子尺寸变化，或者浴室柜位置变动，镜前灯的位置很可能和最初计划的不一样，结果只能暴露出一大段电线。解决方法是：挂上装饰物挡住它，为了对称，可能需要在镜前灯两边各挂一个，比如一些手绘的漂亮瓷砖画之类。

让你拥有惬意生活的背景音乐系统

以前咱们只在商场、宾馆能感受到背景音乐，其实现在在家里也可以在电改的时候布置背景音乐系统。

背景音乐系统，一般专业的电改公司都可以施工。为控制预算，不用给每个房间都安装，相对于卧室而言，我个人感觉卫生间、厨房、餐厅这几个空间设置背景音乐显得更有意义。

在卫生间洗漱的时候，如果能有音乐相伴会觉得浪漫很多，特别是如果卫生间里有浴缸，相对于傻乎乎地躺着，有轻柔的背景音乐，会让整个感官享受上升很大一截。

在厨房做饭、料理的时候，如果能听听音乐，或者听听新闻（可以连接一路电视音频输出到功放上，这样在有背景音乐的房间都可以听到电视的声音，当然也包括新闻），肯定会觉得不那么枯燥。

如果想和家人来个烛光晚餐，餐厅的背景音乐系统当然可以锦上添花了。

散热器改造需谨慎

暖气（即散热器）改造是非常关键的，如果改造得不好会把家里所有的装修都破坏掉，所以一定要选择专业的改造队伍和品质有保障的产品。有的业主家只是需要挪动一下散热器的位置，所以觉得只要随便找个工人改改就可以，但其实即便只是稍微挪动一点儿，都应该聘请专业的人员来操作，如果改动不合理，导致系统循环不畅，就会造成暖气片

不热。不规范的安装，还会产生漏水等危险。一般散热器销售商都提供专业的服务，建议直接找他们，必要时可以再向物业咨询相关情况。

另外，在暖气片漏水的事故中，很多都是由于配件、管件漏水造成的。所以，在购买暖气片时，应该和商家约定好使用的配件、管件品牌。

散热器的选购

选择散热器一定要先搞清楚自己家的采暖方式，因为不同的采暖方式需要的散热器可以说是完全不一样的。

北方大部分小区都是集中供暖，即由一个中央热水中心统一加热供暖水，再沿着铺设的供暖管道送到各家各户。

集中供暖有这样一些特点：

- 供暖管道里的供暖水温一般较高，压力也比较大；
- 供暖水质一般很差，腐蚀性非常强；
- 由于供暖管道多为镀锌管，系统中不可避免地有很多用户使用容易"掉渣"的旧暖气片，所以供暖水一般含有较多残渣，对散热器内部磨损较大，也容易造成堵塞；
- 集中供暖目前多按照室内平米数计费，而不是按照水流量计费。

基于集中供暖的这些特点，为集中供暖的系统选择散热器，就必须具有以下特点：

- 防腐性能强，抗压性能强；
- 水道宽，可以避免堵塞，增大散热面积，而且有利于供暖水的循环。

所以，新型钢制散热器是比较适合于集中供暖系统的，但选购时须注意以下事项：

- 普通钢的耐腐蚀性比较差，制作钢制散热器最好采用 T12 或 T14

的优质低碳钢，但很多小企业用的却是劣质的代钢，这是不同品牌价格差巨大的原因之一。

- 购买钢制散热器一定要了解散热器内壁有没有做内防腐，好的散热器应该有双层内防腐，很多散热器居然连单层防腐都没有，是极为不安全的。事实上，目前钢制散热器的内防腐技术已经比较成熟，只要是认真负责的企业，其产品的内防腐质量都是非常过关的。
- 钢的质量和内防腐，消费者很难用肉眼分辨，所以购买散热器时应尽量选择名牌产品。
- 宽水道散热器的通水口径大，自然就对整个供暖系统的压力有很大的缓解，从而能增快水循环的速度，提高散热器的散热量。此外，目前国内大部分老旧供暖系统使用的是镀锌管，管壁内部容易生锈并脱落，供暖时残渣会随着水的流向而流动，如果散热器的通水口径小就极其容易堵塞，采用宽水道的散热器可有效避免堵塞从而保证采暖系统和散热器的良性循环。
- 应该留意产品的形状，一些具有诸如排管、花瓶、帆船等奇特造型的散热器内部会有很多非常小管径的节点，建议大家不要选择。
- 市场上销售的一些散热器，特别是搭接焊散热器，一些焊口处连小手指都伸不进去。大家购买的时候可以把散热器两边的堵头取下，把手指伸进去摸一下水道的口径。

南方大部分业主以及北方一部分业主家中采用的是壁挂炉自供暖的形式。壁挂炉的供暖工作原理简单说就是先从外部注入一定的水到供暖系统，由壁挂炉加热（此功能原理和我们熟悉的燃气热水器几乎一样），然后在家中的供暖系统中闭环循环：热水从壁挂炉流出，经过室内的散热器（或者地暖管道），再回到壁挂炉，壁挂炉检测回路的供暖水温度，如果低于设定值，就再次加热。循环的动力来源于壁挂炉配套的水泵。

基于这个原理，壁挂炉自供暖的特点如下：

- 由于系统只在最初运行的时候加入一次水，以后水只是在系统中

封闭循环，所以水质是可以控制，一般比较好（有些家庭在最初加水的时候直接注入纯净水），几乎没有酸碱腐蚀性。

- 水只在自家系统中循环，若自家使用的是比较好的管材和散热器，系统几乎不会有杂质，也不能有杂质，因为壁挂炉内部加热水的系统管非常细，如果有杂质就会堵塞损坏。因此采用壁挂炉自供暖时，供暖水对散热器没有太大磨损，也不会造成堵塞。

- 由于壁挂炉的加热能力不如集中供暖的大锅炉，所以水温一般比集中供暖水温低。

- 系统水压来自于家用水泵，因而比较小。

基于壁挂炉自采暖的以上特点，为自供暖系统选择散热器时，应该选择具有以下特点的产品：

- 散热器不宜过高，一般以不超过 1500mm 为佳——由于系统压力小，太高的散热器会造成水循环不过去。

- 小水道的散热器更合适——在同样的压力之下，显然越细的水道越有利于循环。

- 在同样的散热量之下，水容量越小的散热器越合适——给同样的面积供暖，越少水，系统的能耗越少。

- 散热器不需要做酸碱内防腐，但要能抗氧腐蚀——系统中水质好，无酸碱腐蚀，但还存在氧腐蚀。

所以，新型铝合金散热器是比较适合于自供暖系统的。

选购散热器的其他注意点

"一摸法"：选购散热器时，有时候很难分辨众多品牌中大都外表光鲜的散热器的质量优劣。这个时候你可以把散热器的"堵头"扭下来，把手指伸到散热器内部触摸，特别是散热器的"关节"水口处（焊接点处），如果毛刺特别多，坑洼不平，那么这个散热器的质量就不太好。特别是钢制散热器，是需要做内防腐来提高安全性的，如果散热器内部毛刺多，即便本身防腐做得不错，但在使用中，这些毛刺在水流的长期冲刷下很容易掉落，这样内防腐层就从这个点被破坏了，而对防腐来说，点破坏就等于全没有，腐蚀就从这儿开始了。

有时候你到有的商店去选购散热器，会发现散热器的两个堵头都被堵死了，不让人摸，这样心虚的产品，肯定是直接 PASS 掉啦。

另外，购买散热器还必须要考虑这个品牌的厂家实力怎么样。因为暖气产品不同于其他产品，不是买了就完事。暖气买了还涉及以后好几年的使用，以及事故责任，甚至赔付。所以一定要选择有实力的厂家，选择大品牌。这样不至于几年后你家跑水了，却找不到商家了。而且一般大品牌厂家比消费者还害怕暖气漏水，因为他们真的是跑得了和尚跑不了庙，绝对逃脱不了责任。

散热器的安装，其实和散热器本身的质量一样重要，很多漏水事故都是由于安装不当引起的。所以购买散热器的时候最好让商家提供专业的安装以及管路改造服务，这样以后出现问题后，就不会出现安装方和产品提供方互相推诿的现象。

防水工程

进行这么多改造后，不可能不破坏以前的防水层，所以重新做一遍防水是必不可少的。防水是非常重要的工程，你不但要仔细做好自家防水，还应该督促楼上邻居也做好防水，并且要求楼上邻居家贴砖前最后的防水做完后必须做闭水实验，而且一定要通知你。

在楼上做闭水实验的 24 小时，你一定要仔细观察你家楼顶有没有渗漏情况。只要有一点洇湿都必须要求楼上重新做防水，决不能心软。

如果你装修的时候，楼上邻居已经入住，那么你应该仔细观察你家卫生间顶部有没有水痕，最好拜托邻居在洗澡等会大量流水的情况

装修不上当，
省心更省钱

ZHUANG
XIU BU
SHANG
DANG
SHENG
XIN GENG
SHENG
QIAN

发生后通知你检查一下，如果发现问题，可以及早整改，避免以后装修完成后再造成损失。

哪些地方需要做防水

- 卫生间地面肯定是必须要做防水的，做防水之前一定要把准备做防水的基层打扫干净，尽量保持表面的干燥。
- 卫生间的墙面也需要做防水，不然你一洗澡，可能隔壁的墙就湿了。所以淋浴区墙面要做到180厘米，其他墙面也起码要做到30厘米。
- 另外还有一点很重要，其实卫生间的漏水部位主要在上下水管的根部和墙脚，所以这些地方也需要做30厘米的防水，而且做防水时一定要让它"吃饱"。
- 水电改造、开槽破坏了原防水层的，要重做防水。
- 对于那些需要开槽埋水管的地方，须在所开槽内做了防水再埋管，以免日后水管漏水时渗到别处。
- 厨房地面可以不做防水。

点破坏 = 全破坏

防水的原理其实很简单，感觉就像一层胶皮，把水给兜住了。

所以家中做完防水后，施工时一定要注意，这防水层只要有一个非常小的点被破坏了，就等于全白做了，水会顺着这个破坏点流出去。

如果真有防水层被破坏的事情发生，一定不能嫌麻烦，必须进行补救，重新做防水。

隐蔽工程的验收

隐蔽工程结束后，应该在所有开槽部位还没有填上的时候验收。

水改和散热器改造完成后，需要对整个管路进行打压试验，观察压力表是否有掉压的现象，如果掉压就说明水路中有渗漏。但是，在实际操作中你会发现压力表的指针非常小，很难看出有没有掉压。这时就要用到一个小窍门，就是在打压之前在所有接头的地方缠上卫生纸，然后在打压后观察这些纸是否有潮湿的现象，这样就知道有无渗漏了。

电路验收，从功能上讲，就是等入住后把所有插座开关用一遍，而当现场还是工地的时候，很多功能是很难辨别是否合格的，所以一定要找有保障的专业队伍改造电路，对于入住后发现的问题，他们也会负责的。

而电路改造完成后的验收，主要是考察那些日后无法辨别的项目：

* 首先看所有的管线是否都穿管了。

* 穿管的管线应该每一根都用手拽一下，看能否拽动，如果拽不动以后更换线路就麻烦了。

* 强、弱电之间应该留有一定距离，以免干扰。

* 观察电线是否是优质国标铜芯线。

验收隐蔽工程时，必须保留图纸与照片：要求施工方提供水、电路图纸，然后对照图纸验收，如果发现图纸和实际不符应该立即指出，并要求施工方按照实际情况重新绘制，因为图纸是日后维修的重要依据。

但是仅凭图纸，我个人感觉还不够直观，最好在开槽填埋之前，给所有的管道线路都拍摄照片，以后对着照片看一下墙面的开关或者龙头的位置就能清楚地判断暗埋的管路的位置了。

隐蔽工程省钱细节

* 管路改造用到的材料总是很繁杂，工人给你的采购单密密麻麻，很多业主出于对工人的信任，会对数量不加核实，一股脑全买回去。可不幸的是，有的时候，工人会把你的材料拿到别的工地去

ZHUANG
XIU BU
SHANG
DANG
SHENG
XIN GENG
SHENG
QIRN
装修不上当·
省心更省钱

使用。所以，工人给你材料购买单时，你一定要仔细计算实际需求量，如果有些东西的用量无法确定，可以多买些，但施工完成后要核对一下用量，多余的管件等材料，很多地方是可以退货的。

- 每个开关插座都需要配一个暗盒，如果可以，最好是自己买暗盒，请装修队报安装费。一个暗盒超市里也就卖一两块钱，而施工方往往报价十几块钱，因此一般家庭随随便便就会多花几百块。

- 水、电路改造分不开槽、开槽两种价格，也有的装修队把开槽价格又细分为"非承重墙开槽、承重墙开槽"两种价格，一定要事先商量好不同项目的价格。

- 改造之前还要和施工方商量好，一根管里穿两根线和穿一根线的价格分别是多少。大多数施工方在施工完毕后才告诉你一根管穿两根线的价格和两个一管一线的价格一样。也就是说如果开槽埋管，里面一根线是 30 元／米，而同样开一个槽，里面同样只放一根管，只是管里有两根线，但价格却是 60 元／米了。这样随随便便就能让你家多花上千银子。显然这样的计费方法是不合理的，一根管穿两根线时，开槽和穿线管的成本都是一样的，只应该加上多的那根线的费用。

- 水、电改造是最大的隐蔽工程，也是增项里面最贵的一项，不能工人说多少就是多少，要看他们是不是按常规的方式走管。例如：该穿墙的偏给你绕着墙面走，原本两管开一槽的硬要算双槽。

- 大家会发现装修公司在防水工程上的报价是比较高的，这是因为一般装修公司给你做的防水是有五年保修的，也就是说，这五年中如果你家的水漏到楼下造成了损失，他们是要赔付的。但如果你找的本来就是今天在明天就不知道去哪儿的游击队，那就自己去超市买上好的防水涂料，按照规范让工人涂上，并严格做闭水实验，最后只给工人一些工费就可以了。

08

泥瓦工程

我曾无限感慨："为什么让人受伤的总是瓦工？"即便是我在第二次装修时，瓷砖也还有四处返工，那些没有什么装修经验的朋友在瓦工身上发生的伤心事就更是数不胜数了。根据我的经验，要想打好泥瓦工程的战役，从购买瓷砖开始就要打起十二分的精神。

　　因为经销瓷砖的商家都需要储备大量的现货，所以他们都有大型的仓库。据我了解，几乎所有的城市都有瓷砖仓库集中地，商家在那儿会以相对便宜的价格销售瓷砖。有的人会直接去仓库集中地购买瓷砖，可往往去了那儿才发现，那里环境脏、乱、差，几乎没有什么瓷砖展示，而且由于是仓库，从一个品牌走到另外一个品牌需要走很久，所以，往往逛到疲惫不堪了，也没有选到合适的瓷砖。我的经验是，先去建材城的瓷砖区仔细挑选想要买的瓷砖，并尽量在一个品牌中选择，因为这样既能保证风格的统一，也能给购买和以后的退换带来方便。确定自己要购买的品牌后，记下相中的瓷砖货号（最好有两个备选方案），再打听此品牌的仓库集中地。然后大家最好先打电话到仓库那边，确定自己要购买的瓷砖有货，再直接前往购买。

瓷砖的选择

目前，市面上比较常用的瓷砖主要有两种：

抛光砖。抛光砖是经过机械研磨、抛光，表面呈镜面光泽的陶瓷砖。玻化砖是强化了的抛光砖，是全瓷砖，其表面非常光洁，不像普通抛光砖那样需要经过抛光。玻化砖的耐磨性能比较好，可以任意进行再加工，比如切割、打磨倒角等。但玻化砖最大的缺点就是容易渗脏，一些茶水或者酱油很容易就会渗入砖面中且无法彻底清除，现在很多厂家针对这一问题对玻化砖的表面做了抗污处理，但总的来说玻化砖的抗污性还是比釉面砖差。

釉面砖。釉面砖就是咱们传统意义上的瓷砖，是由表面加釉烧制而成的。根据釉质面的强度，可以将釉面砖分为墙砖和地砖。一般地砖的表面强度会比墙砖大很多，但现在很多仿古釉面砖由于加工工艺不同，其表面强度和硬度都非常大，可作为墙面和地面两用砖。相对于玻化砖，釉面砖最大的优点是防渗、耐脏，而且，大部分的仿古釉面砖的防滑度都非常好。釉面砖表面还可以烧制出各种花纹图案，风格比较多样。很多人会说釉面砖不耐磨，其实这种说法是不科学的，虽然釉面砖的耐磨性比玻化砖稍差些，但合格产品的耐磨度绝对能满足家庭使用的需要。

除了以上所说，在地面有水的情况下，玻化砖的防滑性也比釉面砖差。

说到防滑，必须要重点讲一下。如果家里有老人、小孩，或者和我一样粗心大意、平衡力较差的人，那么在选择瓷砖时，防滑度是最重要的。商家总会用各种各样的词语来描述自己的瓷砖是多么多么地防滑，你完全都不用听，有个最简单的方法：把要检验的瓷砖放几片到地上，然后往上面倒些水，再在上面走走试试。

很多人会说，怎么能倒水啊？倒水都会滑。可你想想，你摔跤的

装修不上当，
省心更省钱
ZHUANG
XIU BU
SHANG
DANG
SHENG
XIN GENG
SHENG
QIAN

时候，是在完全干燥的地面上摔倒的吗？多半都是在地面上有水或油的情况下，你才会摔倒在地的。

而且，真正的防滑砖即便是在地面有水的情况下也是不滑的，否则，我们就需要爬行着在卫生间洗澡了。

釉面砖挑选秘笈

* 观察瓷砖表面。瓷砖釉面应平滑、细腻，用手摸无颗粒；光面砖应晶莹亮泽，亚光砖则应柔和。瓷砖的花色图案要细腻、逼真，没有明显的缺色、断线、错位等缺陷。将几块陶瓷砖拼放在一起，在光线下仔细察看：好的产品色差很小，产品之间色调基本一致；而差的产品色差较大，产品之间色调深浅不一。

* 从同一型号的瓷砖中随便选取两块，对在一起，看是否合缝，合缝就说明瓷砖的平整度好。在对瓷砖的时候，一定要旋转瓷砖把瓷砖的各个边都对一下。最好是找一个平整的台面，把两块瓷砖放在上面，再把它们的边完全靠在一起，用手指摸摸这两块瓷砖上面靠在一起的角。如果平整度好，这两块瓷砖的边角也应该是在同一条水平线上的。

* 掂掂瓷砖，感觉它的密度，手感沉（密度大）的比较好；

* 往瓷砖背后倒一些水，看水被瓷砖吸收的速度为何。速度越慢，说明瓷砖品质越好。吸水率太大的砖不能要。有的砖往背面一倒水，反过来从正面就能看到水渍，这种砖是千万不能要的。试水的时候要注意，一定要把水往瓷砖背面倒。很多商家一看你要试水，就把水往瓷砖正面倒，一看不吸水就说是好砖。你想，这瓷砖要是连正面都吸水了，那得是多劣质的啊。

此外，有的仿古砖强度非常好，用力往地上摔都不会坏，这样的砖当然也非常好。

玻化砖抗渗度绝密鉴别方法

由于玻化砖最大缺点就是容易渗脏，所以在挑选的时候最关键的是要选抗渗能力强的。那么，怎么辨别呢？其实很简单，就是带上一支"记号笔"和一些"去蜡水"。

记号笔这招很多人都知道了，其实大部分商家也都知道了。很多时候你去买玻化砖，商家会主动拿出记号笔实验给你看。有时候你会发现实验了 N 多玻化砖，居然全部都不渗！这是为什么呢？因为很多商家都给自己的样品砖打了蜡，这样你怎么用记号笔画都实验不出来了。

所以，咱们的绝招是，先用去蜡水把要测试的地方擦一下，再用记号笔去涂。

但要注意：

* 测试之前要先告诉商家你要干什么。如果他对自己的产品有信心，就会让你实验，这样，即便瓷砖渗了也怪不得你；心虚的商家则会拒绝你。如果你不打招呼就直接实验，万一把砖弄脏了，可能会造成纠纷。
* 其实再好的玻化砖都会有一定的渗透，所以，用记号笔画了后，最好在一两分钟后就擦掉。如果超过了 10 分钟，那基本上所有的玻化砖都会渗的。

关于花砖和腰片

购买瓷砖时，商家往往会推荐你购买一些看似非常漂亮的花砖或腰片。这种瓷砖一般和你选购的瓷砖是同样尺寸，但表面会有各种图案或者花纹，价格一般也是素砖的 3 ~ 5 倍。

一些商家会说，只有买花砖才能出效果等等。其实现在有很多瓷砖贴，能很方便地贴到瓷砖上，非常方便地做出各种造型，如果不喜欢了，还能随时更换，而且它们的价格也比花片瓷砖便宜多了。

虽然花砖和腰片比较贵，但有时候突破常规地使用它们，往往会起到非常好的效果。

一般人总喜欢在厨房或者卫生间的墙面上横着贴一圈这种花砖，这样显得呆板而没有意思。我家装修的时候，就突发奇想地使用了些花砖和腰片，结果效果非常不错。

我把一般人用在墙面上的花砖贴到了地面上。在卫生间的地面上，我随意地放了几片这种花砖，非常可爱，如左上图所示。

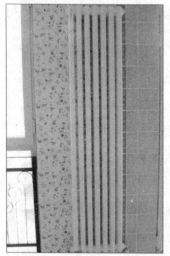

而我的厨房和餐厅的墙面上有一处是壁纸和瓷砖的交界，我把腰片竖着贴了一排在那里，效果也非常不错，如左下图所示。

或许还有其他更好的创意，毕竟这种瓷砖还是有很多漂亮的，就等大家自己去发掘了。

瓷砖购买小提示

购买瓷砖时一定要注意，同样型号，但不同批次生产出来的瓷砖会有色差，所以提货的时候一定要注意：不但型号款号要一样，而且色号也要挑选一样的（色号一般在包装箱上都有标识）。

由于瓷砖属于易碎物品，所以无论是到仓库自提，还是商家送货上门时，都要当面开箱验货。

有时候商家报价是按每平米的单价计算的，但大家在购买时一定要落实到每片瓷砖多少钱，订单上也应该以片为单位来订货。举个例子你就明白为什么了：比如你要买 15 平米的 $300 \times 300mm$ 的瓷砖，如果你按 15 平米付了款，那就是支付了 15/（0.3×0.3）=166.67 片的钱，可商家给你送货却只会送 166 片，如果瓷砖很贵，你是不是就吃亏了呢？

另外，瓷砖一般在没泡水、无损伤的情况下都可以无条件退换，所以大家最好和销售方约定好并写在购买合同上，对家里的瓦工也要交代好，不用的瓷砖先不要泡水。

当然，退换瓷砖的时候也要注意，不要把剩下的瓷砖一片不留地全退了，最好每种花色都留个一两片在家中备用，万一以后有破损还可以更换。

瓷砖施工中的两个注意点

* 只要认真，即便是笨师傅，也能贴得不错，再好的师傅，只要不认真，干的活也一定差。
* 如果刚贴没多久，可以返工；如果等水泥完全干了，再返工，瓷砖起码要损失大半。

所以，在瓦工师傅开工前一定要约法三章，也就是所谓的"丑话说在前面"，要告诉瓦工以下几点：

* 你是个追求完美的人，瓷砖一定要贴得平整、缝齐、无空鼓。
* 贴完后，你会用大靠尺检查平整度，用小锤子检查空鼓，如果不合格，一律必须返工。
* 返工的工费你一分钱也不出。
* 如果返工中造成瓷砖损坏，都要瓦工赔付。

装修不上当·
省心更省钱

ZHUANG
XIU BU
SHANG
DANG
SHENG
XIN GENG
SHENG
QIAN

一般你这么一说，瓦工心里就犯嘀咕了：这是个"较真儿"的主，我干活可得认真点儿，不然可能要贴钱。这样，让工人认真干活的目的一般就可以达到了。

瓦工贴瓷砖的时候，一定要每天都到工地去检查工程质量。即便自己去不了，也要委托其他人去。其实检查工作非常简单，就是看看瓷砖贴得平整不平整，留的缝是不是一样齐，瓷砖的边角是不是都对上缝了。发现贴得不好，一定不能姑息，需要返工的就立即提出。如果觉得工人手艺太差，可以要求换工人。

至于瓷砖的铺贴方法，可参考我在附录中为您总结的《瓷砖的干铺和湿铺》。

瓷砖施工验收小窍门

- 瓷砖铺贴时如果有空鼓，以后瓷砖就会很容易出现松动、脱落、开裂等现象。如果日后在瓷砖有空鼓的部位打孔，这块瓷砖也非常容易破碎。所以，检查瓷砖是否有空鼓是验收的重要步骤。检验瓷砖是否有空鼓时，要在瓷砖贴好的 3 天后，用小锤（或螺丝刀等物）敲打瓷砖的 4 个角以及中间部位，听有没有空空的声音。如果中间有空鼓，或者边角部位有两个以上的空鼓，就最好把砖撬起来重新贴。

- 检验瓷砖表面的平整度，用两米长的大靠尺如右上图这样靠在贴好的瓷砖表面上，允许有 2mm 的误差。

- 用直角尺靠在瓷砖的阴阳角上这么检验，允许有 3mm 的误差，如右下图所示。

● 瓷砖工程应该在贴瓷砖的水泥凝固后，但还未给瓷砖勾缝前验收。

● 阴角、阳角是什么？阴角和阳角是两个面相交形成的角，凹进去的叫阴角，凸出来的叫阳角。最简单的分辨方法就是，你如果撞上去，会撞出两个包的就是阴角，只能撞出一个包的就阳角，哈哈。在装修时一定要保证阳角和阴角是垂直平整的，可以用铅垂来检验。

瓷砖施工的三个注意一个提示

注意瓷砖铺贴的阳角：家中的瓷砖墙面，用久了，出问题的地方往往是下图中的阳角部位。很多时候，磕碰掉瓷，或者阳角处两块瓷砖裂开来显出难看的黑缝，都是在贴瓷砖的时候没有处理好造成的。对瓷砖阳角的处理，传统的方法是把两块砖都磨 45° 角，然后对角贴上。这个时候最容易发生的问题就是这个角的里面是空的，也就是没有被水泥填实，这样以后这个角一碰就容易碎。另外，有的瓦工技术不过关，一个倒角倒得不规整，以后稍微热胀冷缩，那一处就容易开缝。所以如果家中瓦工技术一般，在阳角处，最好选择用阳角线，这样施工难度会低很多。而且不用倒角，工人工费会低，加上阳角线的价格很便宜，整体成本也会下降。

地漏：为保障以后排水顺畅，地漏处应该是最低点，这个是靠瓦工铺砖来实现的。所以在瓷砖铺贴完但还没有干透之前最好测量一下，看看地漏处是否是处于最低点，如果不是，就得马上返工，不能心软。最

装修不上当，
省心更省钱

ZHUANG
XIU BU
SHANG
DANG
SHENG
XIN GENG
SHENG
QIAN

好还要放水测量一下排水速度，测速度的时候要去掉地漏的上盖观察。

巧妙设计，把好瓷砖都用在面子上：购买瓷砖的时候大家会发现，有时候贵的瓷砖和便宜瓷砖，差别只是在样式上。很多同样品牌同样规格的瓷砖，新样式与库存的旧样式，价格能相差好几倍。其实只要好好规划，就能在同样的预算内用上那些漂亮的贵砖。最典型的情况就是厨房。厨房的瓷砖，在橱柜台面以下和吊柜以上的部位都是被挡住的，所以我们在采购的时候，可以计算好，没挡住的部位买贵砖铺，挡上的部位，就找商家买那些同样规格的库底砖（这里要介绍一下，卖瓷砖的，都会有很多库存，其中有些砖一个花色就剩下几片了。这样的超级库底货，基本上是给点儿钱就送给你了）。这样买砖的总支出可能和你全买普普通通的砖的支出差不多，但家里露在表面的可都是漂漂亮亮的好看砖哦。这个方法当然还可以扩展到别的地方，比如：卫生间的大面镜子后面之类。也有的人建议橱柜的地柜后面就不贴砖了。这样做其实还是不太稳妥，由于墙砖是一块压一块的，如果下面没有砖，以后上面的砖就有掉下来的可能。而且安装橱柜时你就会知道，很多地方由于要穿管线，橱柜的背板是要去掉的，这样后面要是没有贴砖的毛墙，还是很不干净的。

环保小提示

一些装修公司在贴瓷砖的时候喜欢往水泥里面加胶，混合后再使用。其实这种做法是不可取的。加胶后工人施工是比较方便，但一般建筑用胶的环保性都不太好，容易对室内造成污染，而且胶以后会老化，存在隐患。事实上，只要选择质量好的水泥，根本就不需要加胶；而如果选择的水泥不过关，即便加了胶，以后瓷砖还是会往下掉。

花样繁多的瓷砖铺贴方法带给你不一样的视觉感受

在我眼中，瓷砖的确是最平淡的装饰材料了，而且总给人感觉冷冰冰的。出不来什么彩，所以在瓷砖的铺贴方法上，大家可以追求些不同的花样：

- 工字贴。就是交错铺贴瓷砖。铺贴花样瓷砖肯定费工，装修公司
  收费会不一样。这里大家可以注意一下，比如你打算在橱柜那儿
  的墙面铺贴花样瓷砖，可以先算好橱柜的高度，只在橱柜上下柜
  之间露出来的部分交错铺贴。
- 把不同颜色同样规格尺寸的瓷砖混着贴，这样的效果有时候也蛮
  好看的。
- 菱形贴。个人感觉菱形贴不适合整个房间都采用，我家就在正对
  门的那面墙上采用了菱形贴，其他地方还是正常贴，效果不错。
  另外选择这些花样贴法的时候一定要注意和瓦工的交流。我家当
  时就是简单地告诉瓦工要菱形贴，结果贴完了一看，瓦工给这面
  墙留了个正常贴的框，中间是菱形贴的，极不好看，只好返工。

讲到这儿就要提醒大家一下：和工人的沟通一定要充分。有时候，
我们总喜欢以自己的思维方式去推测别人，这样难免会因过于主观而
犯错。为了达到自己想要的装修效果，一定不要嫌麻烦，尽量说详细些，
永远不要让他们自己去自由发挥。

举一个简单的例子来说明吧：话说我家瓦工贴瓷砖的时候，我买了
3块花砖打算让他贴地面。他首先对我要把花砖贴地面的想法表示不太
理解。我细心地给他解释了半天，他虽然还不是很明白，但表示："反
正你的家，你说怎么贴就怎么贴吧。"我当时说的是"这块地面5平米，
你把这3块砖随意地贴到可以露出来的地方就可以了"，我主要担心他
会贴到浴室柜底下、马桶底下之类的地方。

等他贴完了我去工地一看，晕了。他把3块花砖整齐地贴在了一起，
在屋子的正中，这倒的确是露出来的地方。我本来是想很随意地在地面
上用这么几块漂亮的花砖点缀一下，结果……最后的解决方案是把瓷砖
撬起来重新贴，而我则用粉笔标出了1、2、3这三块花砖的准确位置。

所以，大家要谨记，装修工人不会揣测出你的心意，对他们交代

装修不上当，
省心更省钱
ZHUANG
XIN BU
SHANG
DANG
SHENG
XIN GENG
SHENG
QIAN

的所有事情都必须定点定位，不能有一丝含糊，也永远不要给他们自由发挥的空间。

地采暖选择瓷砖还是地板呢

很多采用地热采暖的家庭在装修的时候都会选择地热地板。其实，我建议采用地采暖的房间，最好使用瓷砖地面。因为无论是哪种木地板，导热性都很差，反而瓷砖的导热却很好。从能源节约的角度来讲，选择瓷砖显然更合理。冬天踩在铺有地暖的热乎乎的瓷砖地面上也非常舒服。

而且无论一些地热专用地板怎么宣传，毕竟把木质的地板长期放在热乎乎的地面上，也是一种考验。长期如此，地板变形的可能性很大。

此外，在地采暖的施工中，用瓷砖可直接铺设，而用木地板，则需水泥找平后再铺。所以，一般用瓷砖时地面的厚度会薄一些。

在瓦工工程中，很多时候需要用到天然石材，在这里我集中介绍一些天然石材的相关知识。

有关天然石材的三个知识

天然石材可以用到哪儿

根据天然石材的特质，在家庭装修的以下一些地方使用合适的天然石材会有较好的效果：

- 窗台
- 过门石
- 浴室柜台面
- 一些小几小柜的台面
- 厨卫房间的踢脚线

当然还有其他一些应用，主要还是看个人的喜好。

天然石材适合用做墙地面装饰材料吗

一些人喜欢用天然石材来做墙地面的装饰材料，但在一般家庭装修中建议不要轻易使用。

- 除非你是住在一楼，否则用天然石材铺地，会为楼层增加很多负重，有可能对楼板安全产生影响。

- 天然石材一般更适合比较大的空间，层高高、面积大的房间使用了才会有富丽堂皇的效果。如果在较小的家庭居室中使用，很容易产生压抑的感觉。

- 天然石材很难防滑，一般稍微沾点儿水就非常容易让人滑倒。而且天然石材也很容易渗脏，但在家庭使用中很难保证每天都使用打磨机进行养护，这样时间久了就会失去最初的光华而显得脏兮兮的。

天然石材的质量如何鉴别

天然石材的质量好坏可以从以下几个方面来鉴别：

- 观，即肉眼观察石材的表面结构。一般来说，均匀的细料结构的石材具有细腻的质感，为石材之佳品；粗粒及不等粒结构的石材外观效果较差，力学性能也不均匀，质量稍差。另外，石材由于地质作用的影响常会在其中产生一些细微裂缝。石材最易沿着这些部位发生破裂，应注意别除。至于缺棱少角就更是影响美观，选择时尤应注意。

- 听，即听敲击石材发出的声音。一般而言，质量好的石材其敲击声清脆悦耳；若石材内部存在显微裂隙或因风化导致颗粒间接触变松，则敲击声会很粗哑。

- 试，即用简单的试验方法来检验石材的质量好坏。通常往石材的背面滴上一小滴墨水，若墨水很快四处分散渗入，即表明石材内

装修不上当，
省心更省钱
ZHUANG
XIU BU
SHANG
DANG
SHENG
XIN GENG
SHENG
QIAN

部颗粒松动或存在缝隙，石材质量不好；反之，若墨水滴在原地不动，则说明石材密、质地好（这一点和瓷砖很相似）。

人工着色石材的辨别方法

现在石材市场比较乱，一些商人会出售人工着色的天然石材，我们应该如何辨别呢：

- 染色石材颜色艳丽，但不自然，且没有色差。从切面和底面看，染色的石材因为经过浸泡，整体都是黑色的，但正切面和底面都应该呈白灰色。
- 在板材的切口处可明显看到有染色渗透的层次，两边的表面着色深，中间浅。
- 染色石材一般采用石质松散、孔隙大、吸水率高的国产石材，用敲击法也可辨别。
- 染色石材的光泽度一般都低于天然石材。
- 通过涂机油来增加光泽度的人工着色石材其背面有油渍感。
- 涂膜的着色石材，虽然光泽度高，但膜的强度不够，易磨损，对着光看能看到划痕。
- 通过涂蜡来增加光泽度的石材用火柴或打火机一烘烤，表面就会失去光泽，现出本来面目。

天然石材的缺陷及替代品

天然石材的辐射

天然石材不可避免地会有辐射。国家的《建筑材料放射性卫生防护标准》把石材分为 A、B、C 三类，家庭装修最好选择 A 类石材，这样更为安全。市面上常见的 A 类石材有这样一些：珍珠花、万山红、孔雀绿、罗源红、将军红、泰山红、济南青、文登白、西丽红、菊花黄，这些石材使用在家里是安全环保的。

很多人以为颜色越深的石材辐射越强，其实这是一种误解。

巧妙运用瓷砖代替天然石材

家里有时候有些特别大的台面，一般会使用天然石材铺贴，但有时候一些稍微漂亮些的石材，动不动就得四五百一平米，一个大台面（比如一些大飘窗）一下子就得上千。有没有别的方法能剩下这笔费用呢？

其实是有的。这些大型台面，如果用瓷砖铺贴，价格可就便宜多了，而且还可以选择用不同的花色瓷砖搭配铺贴出非常漂亮的和特别的效果，如下图所示。

控制预算绝招之诗玫砍价实例"石材篇"

用天然石材来做窗台等，一般需要商家提供测量加工安装服务，而这也是很多消费者会多花银子的地方：很多商家开始只是告诉你××元一平米，但安装过后才告诉你需要加20%的损耗；还有的商家给你安装完了，才告诉你打一个孔100元，拐一个角100元，等等。

我的一个邻居就是因为着急购买而没有询问清楚，结果最后窗台的开销是：石材两千多，又加了好几百的所谓损耗，最夸张的是安装费竟然是三千多！而且这样的例子绝不在少数。为此，我专门总结了这

装修不上当，省心更省钱

ZHUANG
XIU BU
SHANG
DANG
SHENG
XIN GENG
SHENG
QIAN

样一篇砍价实操指南。

- 平时逛建材城的时候先到石材区多逛逛，确定自己要使用的石材品种（买啥都不能到快用的时候才去逛，一定要在每次逛建材城的时候就多留意一下各种以后可能用到的东西）。

- 上网搜索或者向邻居打听想买的石材的最低价格。

- 如果有条件，可以到石材集散地（石材和瓷砖一样，一般每个城市都有集散地）多询问几个商家，进一步打听此类石材的价格及辨别此类石材优劣的方法（向商家学习，其实是最便捷的方法，因为他们才是真正内行）。

- 到离自己家最近的建材城石材市场去购买（石材是天然的东西，没有品牌之别，完全不需要到高级建材城去买。而且石材涉及安装测量等一系列服务，建议大家不要到距离自己家太远的市场购买）。多询问几家，因为此时你应该已经掌握了此类石材的底价，所以很容易和商家砍到底价。（关键用语："我都到××批发市场看过了，你不给这个价格，我就去那边买了。"）。

- 在价格便宜的店铺里，一定要找到可以做主的人，比如店主之类，让他和你一起去你家测量。

- 到家后，告诉他你家哪些地方要用石材，让他测量，算价格。他工作的时候你要不动声色。等他测量完毕，一般会对你说如下语言，一共多少面积××元，加上损耗××元，在哪儿打个洞要××元，磨边共××米需××元，另外安装费加辅料（大理石胶之类）××元。耐心等他说完，你再核实一下实际面积和磨边米数，你对他说："我家所有的这些你做完，一共要多少钱？"这时你要先自己算出合理的价位：如果你家安装的石材不多，估计一个工人一天就可以干完，那你家的总价就是：石材总面积×单价+磨边总米数×单价+100元或50元的安装费。你问了总价的问题，商家一般会仔细算起来，面积+磨边+打孔 N 个 + 安装费 N 元等等。你耐心地等他算完，听他报完价后，一定要不屑地说"这么贵啊，我看 ×× 元（你算出的总价）就可以了"，然后无论商家怎么捶胸顿足，你都要咬死这个价格。因为这个时候，卖石材的商家已经费了这么大劲，在店里和你聊了半天，还花费时间到了你家，测量了半天，计算了半天，做一单生意需要的工作他都做完了，所以一般的商家都会以最低价做成这笔生意的。

- 最后，你不要忘记再得寸进尺地要求他送你 N 个过门石哦！
- 买石材都要给定金，但最好就给 50、100 的，不要给太多，可以以没带那么多钱为借口。

我一般还会满脸笑容地送石材商人出去，一边走一边安慰他，没关系，你的活儿好的话，我一定会介绍邻居到你那儿去买的。放心，我不会告诉他们我买的价格的。

PS：购买所有需要安装的产品和辅料需要花钱的产品都可以采用此法（比如铝扣板）。

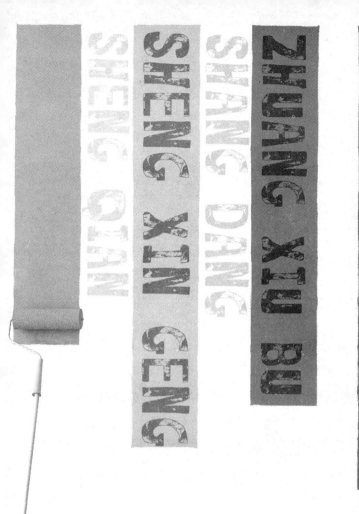

09

木工工程

现在装修中的木工活应该说是越来越少了，主要是由于工艺和设备的限制。现场手工制作家具从质量上讲，不如正规厂家的产品，主要是更容易开裂变形，漆面也比较粗糙不平。（一般家具厂喷漆会在一个密闭无尘的空间里面进行，所以漆面无杂质。而现场手工制作时，往往会有很多粉尘混入到漆面上，这样的漆面不但看上去不够光滑，而且由于里面杂质的膨胀度、韧度和油漆都有区别，这样的漆面在以后也更容易起鼓、掉皮。）

　　以前在家手工制作家具、木门等主要还是因为有一些特殊尺寸的需求，买不到现成的。但现在很多厂家都提供了定制服务，所以，如果只为尺寸的原因，就没必要手工制作了。

　　现场加工的木工活，往往采用大芯板、密度板等不太环保的材料，而手工加工又无法进行合格的封边处理，所以这些板材中的甲醛等有害物质就会大量释放出来。正规工厂一般都有机械化的封边工艺，将会大大降低板材里的有害物质的释放。

　　在用胶时，由于手工操作，选择的胶也只能是普通的液态胶，但一般液态胶的环保系数都很低。这个，你到正规超市选择最好的液态胶，打开闻一下就知道，都是有味道的。正规工厂一般用热压工艺，选用热熔胶，而现在很多热熔胶的环保标准已经很高。我去很多工厂采购过，其采用的热熔胶几乎没有任何味道。另外，热熔胶在常温下为固态，所以也基本不会挥发，这样不但更环保，而且黏合的东西也更牢固。

此外，在饰面处理方面，现场手工无论是喷漆还是贴饰面板，都会给装修现场造成较大的污染。

所以，无论是从环保还是耐用度方面考虑，都应该尽量减少家装中现场木工制作的量。当然，家中或多或少都有一些木工活需要现场制作，那么，一定要从原材料把关，才能保证产品环保和质量合格。我附在书后的《木工常见材料简介》中简单介绍了一些材料的特点及选购方法，应该可以帮你更好地进行材料的选择。

设计好坏是木工活成功与否的关键。除非你有专业的设计师为你服务，否则，木工活的设计，最好还是自己来认真考虑。哪个地方要做什么，做成什么样，这大多和你的生活习惯息息相关。一定等设计好了，再让木工来做。至于最终做成什么样子，那就要看木工的水平了。

选择一个好的木工，一定要从这 3 个方面来考察：

- 手艺好
- 脑子灵活
- 沟通领会能力强

有时候一个虽然手艺好，但你说啥他都不明白，只会按照传统老办法做的木工，可能还不如一个手艺一般，却能完全明白你的意图的师傅。

巧妙设计机关，收纳空间悄藏

好的家庭主妇都明白，收纳的关键是要"藏起来"，让那些乱七八糟却时不时又很重要的物品，悄悄地藏在房间的各个角落，是每个主妇的终极目标。要实现它，在木工工程进行时就要动脑筋了。打造收纳空间，我有这样一些经验介绍给你。

升高一些东西

给一些小的区域做个地台。如果你规划的用餐区正好在附近的一个角上，那么给用餐区做个地台，让它整个垫高20厘米，再给地台装上隐形抽屉就可以收纳很多物品了。

地台上面可以铺设漂亮的地毯，对应的房顶上可以垂下一盏精致的灯，或许还可以有一道漂亮的水晶帘，这样即浪漫又实用。当然同理，你还可以升高很多东西，比如床，如上图这样的床下抽屉可以存下的物品可是超乎你的想象的哦。

变厚一些东西

如果一块小的墙面，你打算用来悬挂画作，那么不妨按照你的画框大小做一个小扁柜挂在墙上，然后再把画挂上去。

同样的，在卫生间挂梳妆镜的地方，也可以制作一个柜子，用镜子做柜子的门即可。你看，右图中这块镜子后面能放的东西肯定不少。

充分利用边边角角

房间总有些死角，放柜子也没法充分利用。可以为这些角落定制些柜子，让死角能暗藏乾坤。看看右图中

这个房间的死角，现在就变成了孩子玩具、衣物的藏身之处。

窗边一般无法摆放家具，可你或许可以为窗户量身打造这样一组柜子：

如果打算用阳台收放杂物，那么最重要的就是给物品打造合适的架子。把所有的东西都有序地摆放到架子上，既增加了摆放物品的数量，又方便整理。需要注意的是，在阳台上使用的建材和家具都要选择防晒和防潮的产品。

不要放过大家具的腿下空间

比如沙发。相信你总有东西掉到沙发底下的时候吧？趴下去找的时候，你会不会发现，沙发底下的空间还蛮大的？这些空间当然不应该就这么浪费。装修的时候，可以让工人根据沙发底下的尺寸用薄木板制作多个小抽屉。到时候把这些抽屉放到沙发下面，要用的时候再抽出来就可以了。你还可以制作成带盖子的抽屉以防尘。注意尺寸不要做得太大，以免取放不便。有了这种抽屉，还可以有效地解决东西掉到大家具底下的麻烦呢，如右上图所示。

用储物柜代替电视墙

有了这样一组漂亮的柜子，不但可以放置物品，而且还省去了装饰电视墙的费用，真是一举多得，如右下图所示。

吊顶是必须的吗

很多装修公司都会游说你给你的房间进行吊顶，甚至还会说出"不

吊顶，就相对于没装修"这样的骇人语言。但对于吊顶，我真的只能说"想说爱你不容易"！

整体吊顶，毫无疑问地会让室内层高更低。现在我们的房子，层高已经非常矮了，再做整体吊顶显然是不明智的；

局部吊顶，无一例外地需要在吊顶造型中安装灯光，而且一般用的射灯是比较容易坏的。即便是不容易坏的普通灯泡，由于它们隐藏在吊顶里面，要更换起来也是相当麻烦。而且这些造型，天长日久还会积下很多灰尘，很不易清洁。更重要的，吊顶一般要配合灯光才能出效果，而我们一般在家，都只会打开一个基本光源，而不会把无用的吊顶美化灯打开（低碳生活嘛），这样，吊顶的美丽造型，绝大部分时间是无用的。

如果你希望屋顶有些变化，不妨试试以下方法：

给屋顶做一些造型：把一些石膏、木质或亚克力的造型图案，直接固定到屋顶上。以前常见的是固定到吊顶的周围，现在也有对一些特殊的局部进行这种美化了。这种方法，如果选择不是非常复杂的图案，又和家中的整体风格呼应，有时候就能产生比较好的效果；

给屋顶添一些图案：比较常见的是在屋顶上铺贴壁纸，比如蓝天白云的，贴在小孩的房间；荧光壁纸，可以贴在卧室的屋顶，它晚上会有特殊的效果，能给卧室增添浪漫的色彩。

看好方案再增项，减少重复施工的预算外支出

木工工程是最容易产生增项的地方。有的木工总会不断地给你出主意，这个地方这么弄个柜子，那个地方那么弄个吊顶，而且好多时候并没有图纸，只是简单地一比划："我给某某家就这么做的，可好看了。"很多业主，有时候由于自己也没有更好的方案，就会同意工人的意见，然后在没有图纸的情况下就增项了，但结果往往是80%都不满意。毕竟工人所说的"好看"和我们自己理解的"好看"可能往往是有很大差距的。于是，要么你忍了，要么你拆了，预算外的支出就这

么产生了。

所以，切忌耳根子太软，增项时一定要考虑再三，如果确定增项，也必须看清方案再施工。

手工制作室内门 VS 厂家定制商品门

室内门，如果无特殊情况，还是在厂家直接定制比较好。

首先，现在厂家定制的服务已经非常细化了，比如定制实木复合门，他们会到你家精确测量你家的门洞尺寸，然后在厂里根据尺寸把门扇和门套都加工完成，只需到你家组合安装上就可以了，不会产生太大的室内污染。而在家手工制作，光是在家现场喷漆这一项就会造成较大的室内污染。

其次，从品质上讲，好的厂家都是机械与手工相结合的制作，流水线作业，产品质量比较稳定；而现场手工做，则完全取决于你家木匠的手艺了。而且手工工艺有时候真的很难和设备化加工相比，比如喷漆，工厂一般在无尘漆房里进行，这样喷出的漆膜无杂质，不但手感好，日后也不容易起泡脱落；而现场喷漆，喷出来的漆面一般都是疙疙瘩瘩的。

最后，从工艺方面来看，工厂是部件加工，最后组装，出来效果，在细节上一般比较完善。比如门套，工厂会根据你家门洞尺寸制作出各段门套，油漆后到你家安装，这样即便是伸缩缝处都是有油漆的；而工人只能把木线安装在门洞上再一体喷漆，这样如果伸缩缝处以后一变形，漆膜就会裂开露出里面没有漆的木材的毛边了。

去找厂家定制室内门，也会让你觉得眼花缭乱，品种太多。下面简单给大家介绍一下目前常见的室内门的特点：

实木门：实木制作，价格高，但主要由于现在市面上的木材都是速成的，制成的门比较容易变形，所以对于气候温度或湿度变化大的地方，选择实木门要谨慎，因为很容易就会翘曲变形。

模压门：用机器把两片带造型的门脸和一些纤维板压在一起，一般

ZHUANG
XIU BU
SHANG
DANG
SHENG
XIN GENG
SHENG
QIAN

装修不上当·
省心更省钱

中间是空心的，表面会贴上防木纹的饰面。模压门价格非常便宜，但环保性能比较差，因为用的胶比较多，一般甲醛的释放量会较高。而且，模压门的隔音效果和手感都不好，防潮性能也比较差。

钢木门：这大多是以前生产防盗门的厂家推出的新产品，中间是木龙骨外面是钢板，表面贴了木纹饰面。优点是不易变形，缺点是非常沉，对合页和门框是一个考验。而钢木门的门套如果选用 PVC 贴膜，久了之后可能有脱落的隐患。此外，钢木门的造型和色彩一般比较呆滞。

实木复合门：优质的实木复合门，应该是目前最理想的选择，其制作工艺大概是：中间用实木龙骨，两边贴木纤维板，造型后再贴实木皮，最后再做油漆（如果是混油门则不贴木皮，直接做油漆）。由于实木复合门表面贴附了实木皮，一般油漆也都在工厂完成，所以外形色彩一般非常接近纯实木门，花样选择也多，而且这种门特殊的工艺也保证了它不易变形。但由于厂家制作的过程无法考证，很多实木复合门厂家也在填充材料等地方使用劣质材料，所以实木复合门也应该选择信誉好的厂家生产的产品。

门套、窗套、垭口的尺寸、样式及色彩

门套、窗套、垭口的尺寸，一般是指脸线的宽度。如果家中是做欧式或古典风格，那么脸线的宽度就可以宽些，一般会达到 10 ~ 12cm 左右；而其他的装修风格，一般做 6 ~ 8cm 就可以了，窗套可以和门套、垭口一样宽，也可以稍窄一些。

另外要注意的是门套和垭口脸线的厚度，最好要和踢脚线的厚度一样，这样在相交的时候会好看很多。

样式方面，现在还是比较流行简单又没有任何造型的风格，不过也有根据风格需要来雕线条造型的，但如果要做造型，就得门套、窗套和垭口都是同样的造型才会好看。

色彩方面，最好和门的颜色一致。如果选择和门不一样的颜色，就得把门套、窗套、垭口和踢脚线的颜色统一起来，这样在视觉上才

不显得乱。

除了门套、窗套以外，木工工程中还涉及很多种类的木边线，我在附录《木工工程中的那些边、套、线》一文中，对它们的功能及制作方法做了一些基本介绍。

玄关应该具备哪些功能

玄关是进入房间后首先映入眼帘的空间，而且在功能上也非常讲究，所以很多人会请木工精心打造玄关。一个完美的玄关应具备以下功能：

- 具备更换鞋和外套的条件：从室外归来需要脱下的鞋或者外套，都应该有地方放置、悬挂；用于室内穿着的鞋也应该放在容易取放的地方。条件更好的，应该有供换鞋时坐下的位置。
- 一些只有在室外才需使用的物品，应该在玄关处就能放置：这样在入室的时候可以方便地放于玄关处，出门的时候也方便取用，比如：钥匙、伞、手提包等等。或许你还可以在玄关处为你的手机、iPod之类的电子产品留出位置，并设置好可以充电的插座，这样入室的时候就可以顺手让这些电子产品充上电，出门的时候又可以很方便地拿着它们享受了。
- 保护室内其他空间的私密性：设置很好的玄关，室外的人在开门的时候是无法对室内情况一览无遗的。
- 出门时，可以在玄关最后整理一下仪容，所以如果能在玄关处添置一面镜子就非常好了。

给家具配功能五金需留意

很多人喜欢在家里衣柜完工后去超市购买一些功能五金安装上，

ZHUANG
XIU BU
SHANG
DANG
XIN GENG
SHENG
QIAN

装修不上当，
省心更省钱

可购买时一定要注意尺寸，因为大部分人都只以衣柜的框架尺寸为依据购买，结果买回来装上后却无法使用。常出现的问题有这些：

- 框架、领带架之类需要拉出的五金受门边影响而拉不开。

- 隐藏式穿衣镜需要旋转拉出，但如果和门安装在同一块立板上，就旋转不开了。

- 装在拐角柜里的转角架无法旋转。

所以，购买功能五金最好做两次工作：先根据家具的外框尺寸，去超市选择大概合适的五金配件，然后再根据此五金配件的安装方法测量它们在家具上实际的安装尺寸，再购买合适的产品。在网上购买功能五金会方便很多，一般网络卖家会把五金的各种尺寸都说明得非常清楚。

木工活验收要点

- 结构要横平竖直。

- 无特殊情况转角都应该是 90 度的。

- 拼花整齐，应该无缝隙或者保持统一的缝隙。

- 柜门开启时应该轻松无异响。

- 钉眼上应涂防锈漆。

- 缝隙：木封口线、角线、腰线饰面板碰口缝不超过 0.2mm，线与线夹口角缝不超出 0.3mm，饰面板与板碰口不超过 0.2mm，推拉门整面误差不超出 0.3mm。

最后说一下，木工工程结束后，可能会发现家里还剩下一些板材，如果整张的一般可以退，但往往运费比材料本身的价格还高。这个时候可以考虑转让给周边同样在装修的邻居，在电梯里面打个小广告就是个不错的方法。而那些边边角角还可以再利用的木料，也最好不要扔，先收藏起来，以后说不定还可以做个小板凳、钉个花盆架之类的。

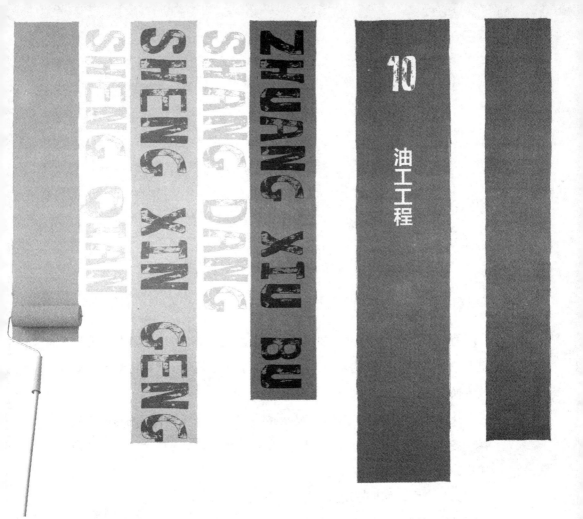

SHENG OTAN

SHENG NIX GENG

SHANG DANG

ZHUANG XIU BU

10

油工工程

俗话说，编筐编篓全在收口，油工就是这收口的面子活儿。无论是开槽开得纵横交错的墙面，还是毛毛躁躁的家具，就靠这油工来给改头换面。

从油工工程开始，家的色彩和风格就开始呈现了，我在附录的《装修中各个不同房间的色彩、空间与摆设》一文中，简单介绍了一些经验供你参考。

另一方面，如果控制得不好，油工也是整个装修过程中，污染最集中、最严重的环节。由于油工施工经常需要业主在现场，比如参考调色、监督工程质量等等，所以，我首先建议那些打算要在家喷漆的人购买一个防毒面具。如右

图这样的，一般还有防尘的配件可以选购，价格在 50 元左右的就不错了，能有效地减少有害物质对身体的伤害。

墙面基底处理注意事项

进行墙面处理的时候，如果开发商交房的墙面就是防水腻子，则

不用铲掉重新做。怎么辨别现有墙体是否是防水腻子呢？在一处墙面上沾些水，用手不停地在此处转圈，如果腻子被粘下来了，就不是防水腻子；如果腻子没有被粘下来就是防水腻子。

很多房子的墙面并不平整，刮腻子的时候要注意，腻子层不能太厚，否则以后很容易开裂、起鼓、脱落。其实墙面只要达到没有坑洼、起伏，表面顺平就可以了，不用非得整个墙面都绝对水平。

如果打算刷乳胶漆，阳角最好不要留出尖锐的 90° 直角，最好用砂纸把直角处打磨成小的圆弧，这样可以有效避免日后由于小的磕碰而掉角。

如果墙面本来有裂纹就一定要进行特殊处理，不然即便刮了腻子，以后也还是会再开裂：将每个裂缝处都铲开成 V 字形（V 字形是指这个槽的剖面是 V 字的，如果裂缝小，V 字就呈 30 度；如果裂缝大，V 字就呈 45 度），把浮土吹干净，用正宗的 903 胶合石膏粉将 V 字裂口填平，干后用牛皮纸带封上，再刮腻子。

水电改造中在墙面开了槽的地方，也应该用石膏封上，贴上牛皮纸，再刮腻子。

墙面两种材质交界的地方，都应该用牛皮纸贴上，比如一些安装在墙面的柜体与墙体的连接处。

很多地方都需要用牛皮纸带处理。牛皮纸带质量的好坏直接关系到以后墙面会不会开裂，所以必须选择质量最好的产品。很多人选牛皮纸带的时候，看到黄黄的就以为是正宗的，其实不然，很多白色的牛皮纸带反而质量特别好。鉴别方法很简单：拿一段纸带，用手捏住纸带的两端如右图这样使劲拉扯，怎么也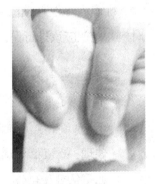扯不断的，才是合格的，一扯就断的绝对不能买！很多奸商会说："纸嘛，肯定会拉断的。"绝对不是！真正的牛皮纸带是轻易拉不断的。

拉扯牛皮纸时，你还会发现，牛皮纸几乎一点儿伸缩性都没有。正因为如此，很多人喜欢贴布在腻子上，但效果却不如用牛皮纸：很多

布都有一定的伸缩性，如果墙体开裂，布可能会被拉伸，这样表面的乳胶漆就可能也同时就开裂了。

要买大面的牛皮纸，其实有一个最好的采购地点——这是我的小秘密：到卖服装辅料的批发市场去买。那里有卖给裁缝的那种成卷的大面牛皮纸，很多质量都非常好，价钱也不贵。

一些工人喜欢往腻子里面加胶，这时一定要注意：

- 107 胶是一定不能用的，它含有大量甲醛和苯等，属于国家明令禁止使用的胶。

- 108 胶是 107 胶的升级换代产品，虽说是合格的产品，能够达标，但也不可避免地含有甲醛等，尽量不要使用。其实只要一步到位购买好一些的腻子，是完全不用加胶的。

- 108 胶也用做界面剂，另外有些商家的新产品，比如墙锢，也都属于界面剂。无论它们被宣传的是多么绿色环保，记住一点，这种液态的黏合剂，一定要少用，尽量别用。另外，优质的白乳胶，一定程度上，环保性能要优于界面剂，所以如果师傅提议使用 108 胶时，最好问问用途，看能否用白乳胶替代。

好多人习惯在油漆施工的时候才做成品的保护，其实从刮腻子的时候开始就应该进行保护了：

- **瓷砖**：重点保护对象。一定要把所有瓷砖都用纸壳或塑料布蒙上，不要为了省事只在要刮腻子或喷漆的周围保护，工人有时候会把腻子、油漆和工具挪来挪去，所以很难说会把什么地方的瓷砖给弄脏。

- **玻璃**：必须把玻璃贴得严严实实的，特别是毛玻璃，一旦弄上，也是很难清理的。

- **窗台**：窗台也要注意保护。

- **开关、插座**：把所有开关、插座的面板都卸下来，线头用黑胶布缠好后再塞回去。

这些保护最好一直持续到装修收尾阶段。

腻子施工完毕后应该先进行验收再进行下一步工程，不然如果有问题，返工的成本会很高。验收标准如下：

* 平整度，用 2 米靠尺或者检测尺检测，墙面和靠尺靠得紧密无缝最好，可以有2mm的误差。用靠尺"米"字形来量，验收效果较佳。
* 阴阳角应该垂直于地面成一条直线，用眼睛看不出任何弯曲。特别是打算贴壁纸的墙面，如果阴阳角不直，到时候壁纸会在这些地方出现空鼓等问题。
* 在已干燥的腻子上再喷一些水，观察腻子是否软化或粉碎，如无太大变化为好，表示腻子的品质和稳定性好。
* 施工完毕后的腻子表面用细砂纸抛光能达到反光的效果，有金属反光的感觉。不要担心乳胶漆粘不住，只有这样在乳胶漆刷完之后，墙面才能平整有光泽。如果打算以后贴壁纸，这一条就不用这么苛刻了，只要做到光滑无颗粒即可。

墙面的多种装修方法

乳胶漆

这是目前应用最广，也是可以大面积在家里使用的装修方法。施工方便，色彩多样，但一般无法实现花纹、图案等效果。水性乳胶漆比较环保，但不可避免还是会有一些可挥发性物质。

市面上还没有任何一款乳胶漆能做到真正意义上的耐擦洗。大家首先要明白乳胶漆的耐擦洗性指的是什么。它其实是说用一种耐擦洗仪器和特定的刷子，在按标准制好的乳胶漆板上反复湿擦很多次，最终看漆膜会不会坏掉。

这就好比你的衣服沾了脏东西，我用湿布给你擦，虽然可能根本

擦不掉那脏东西，但你的衣服没有被我擦破，这就说明你的衣服是耐擦洗的——但我并没有说你的衣服是可擦洗干净的。

墙面乳胶漆是刷在腻子层上的，漆膜不可能像玻璃那样光滑，总会呈微颗粒状，而基底的腻子层又不允许你拿刷子蘸水去刷洗，所以一旦脏了，很难擦掉。

当然，如果不兑水，直接用纯的乳胶漆刷墙，最后的效果会好很多，但这样很难把墙面刷平滑。

壁纸、壁布

10多年前曾经流行过壁纸，不过那时候都是塑料的，加上铺贴方法非常不环保，让现在很多人都对它心存芥蒂。最近几年一些进口产品又开始流行起来。这种产品一般以纸浆＋碳酸钙为基底，表面是纸或布，最外面还有一层聚酯乙烯涂层。品牌产品的成品非常环保，一般几乎无任何毒害物质。这种壁纸最大的好处是可以完全地耐擦洗，你甚至可以把沾到上面的墨水用洗涤灵加小刷子擦洗掉。壁纸，既有素色又有花色可供人选择，更换起来也非常容易，我想这也是这几年它广受年轻人喜爱的原因吧。

刷漆壁布＋乳胶漆

这种组合是壁纸和乳胶漆相结合的一种产品，应用不是非常广泛。先在墙面上铺贴特殊的壁布（材质为无纺布或者玻璃纤维），然后再在上面刷乳胶漆，这样成品会有壁布的纹理感，而耐擦洗和抗裂效果又强于乳胶漆墙面。但是这种产品非常费乳胶漆，成本也高，而且还是会存在有乳胶漆的挥发物污染，个人感觉不如直接选择壁纸。

瓷砖

比较常见于厨卫和一些公共大厅的墙面装修，不怕水、耐用，易清洁。

木板、玻璃、石材等特殊装饰物

一般用于一些特殊的墙面，主要是为了打造一些视觉效果，很少大面积使用。

乳胶漆、木器漆施工的注意事项

- 刷漆一般都需要刷 2~3 遍，一定要注意，打磨工序是必不可少的环节。首先在刷之前要对基层仔细打磨，然后刷第一遍漆，等漆干透后要再次认真打磨后才能刷后一遍漆。

- 油漆的施工必须在产品要求的室内温度范围内完成。不同的产品对温度的要求是不同的，这个可以在产品包装或者说明书中找到。尽量避免在高湿度或高寒的情况下强行施工。

- 每一道工序确保干透后方可进行第二遍工序。

- 使用同一种基质的油漆，不要混用不同类别的油漆（比如硝基漆和醇酸漆不能混用），以免发生不良反应。

- 乳胶漆的覆盖性、防水性、韧性等和乳胶漆的浓度关系很大。兑水多，工人好刷，所以不要以为你买的乳胶漆，工人是为了帮你省钱才会兑很多水的，其实他多半是为了自己施工轻巧而兑的。外国很多人刷乳胶漆都是不兑水的，我有个朋友家里就自己刷的没兑水的，后来他家屋顶漏水，乳胶漆鼓起了一大包，但都没有破。要是兑水兑得多的，估计早就稀里哗啦地掉了。但咱们中国人都喜欢追求那种特别光滑的效果，所以往往兑很多水，却让乳胶漆的性能大打折扣。

- 乳胶漆或者油漆是最容易被油工偷梁换柱甚至直接偷走的。比如明明只要 8 桶，工人让你买 10 桶，用的时候他再大量兑水，省下的油漆他就能偷偷拿走卖掉了。所以刷漆的时候最好有人在现场，买来的油漆也应该做好记号。刷漆过程中起码每天都应该去

现场检查一下剩下的空桶数量和桶上的记号对不对。

- 有的工人会推荐业主使用一些好几十甚至上百的"高档刷子"，还要一个颜色用一把，其实完全没有必要，只要选择不掉毛的刷子就可以了。以前没有这些高档刷子的时候，师傅们干活不也干得很好？

- 在腻子刮完但还没有打磨之前，应该把家里需要上漆的木器先喷了。这样即便有油漆弄到墙上，也还可以打磨掉。

- 油漆施工前最好把现场打扫干净，施工前关闭门窗，在房间里面喷些水，尽量让空气中的粉尘降到最低。在油漆的干燥成膜过程中也最好关闭门窗。一般家具工厂的油漆厂都是完全密封的一个独立房间，名曰"封闭喷漆房"。喷漆之前，这个房间的顶部会喷出水雾来降低粉尘，工人都带着防毒面具在里面操作，而这个房间也不让人随便进入。所以，如果你家油工没有面具，你可以花钱给他配一个，让他尽量密闭喷漆，效果会好很多。

- 施工时，要做好安全措施，例如配备防毒口罩等。保持室内通风，以防发生中毒事件。使用天拿水等具有一定腐蚀性的溶剂时，要带好胶质手套，不要在施工现场抽烟或者使用明火，以防发生火灾或爆炸。

- 白漆容易变黄怎么办？大家都知道白色油漆或涂料多多少少都会变黄，那么怎样才能减少这个问题的发生呢？要注意尽可能地选用超白的漆或涂料，超白的稍一退色正好就是本白了。如选用了本白色的油漆或涂料，那么不用很长时间，本白色就会变成微黄的象牙色了。

- 为了降低成本，一些业主会选择只给家具的门做单面的饰面处理，只在朝外的那面做油漆或者贴饰面板。可是如果门的尺寸稍微大点儿，这样的处理就会造成门的两面张力不等，以至于日后发生变形而无法正常关闭。所以，为了家具的耐用度，还是给门做双面处理比较好。当然，可以在门看不见的里面，用一些比较便宜的材料，只要能达到平衡张力的目的就可以了。

● 上漆之前，需要对钉子做防锈处理，选择环保的白色防锈漆还可以避免底色外露。

乳胶漆怎么选

不合格的乳胶漆将会造成非常严重的污染，所以在选择乳胶漆时我建议大家首选知名品牌产品。一些大品牌的产品，不但企业本身会更加注意产品的环保性，而且受到的社会监督也更大，相对让人更放心一些。

但即便相同品牌的乳胶漆也分为很多档次，这些不同系列的乳胶漆的价格不一样，各项指标也不同。有些系列可能覆盖力更强，但相应地含有的有害物质也可能更多。所以在选购的时候，我们一定要要求销售人员出示各个系列的检验报告，然后结合销售人员介绍的不同性能，对比产品的各项环保指标，再选择合适的产品。

目前常见的品牌乳胶漆的面漆和底漆都是水性的，水性的乳胶漆的环保指标较普通乳胶漆好很多。所谓水性乳胶漆，简单说就是可以用水来稀释的乳胶漆。水性乳胶漆中苯类有害物质的含量大大减少，几乎没有。但乳胶漆中仍然存在有害物质，主要是"挥发性有机化合物"和"游离甲醛"。

其中"挥发性有机化合物"一般简称为 VOC（Volatile Organic Compounds）。VOC 过量会刺激人的皮肤和眼睛，损害神经、造血等系统功能，严重危害人体健康。我国在《室内装饰装修材料有害物质限量》中对乳胶漆的 VOC 含量做出了限制，规定 VOC 标准为 200 克 / 升（在国外有的标准是 30 克 / 升，可见我们的标准还是很宽松的）。在现阶段涂料生产工艺中，成膜助剂和防冻剂是涂料中 VOC 的主要来源。受目前制漆原料和制漆水平的限制，要保证和提高涂料的涂料膜性能，就必须在涂料中加入有机溶剂（VOC 的主要来源）。有机溶剂的加入，增加了涂料中的 VOC 含量，降低了涂料的环保性。如果单纯地减少有机溶剂的含量，虽然环保性增强了，但作为涂料重要性能之一的涂膜性就会受到影响。所以对于有些由于覆盖力强而价格较高的乳胶漆，很多人会误以为越贵越好，其实这些产品中可能有害物质更多。

甲醛是具有强烈气味的刺激性气体，是一种挥发性有机化合物，被国际癌症研究机构（IARC 1995）确定为可疑致癌物。所以甲醛的含量也应该被重点关注。甲醛对人体健康的影响主要表现在会刺激眼睛和呼吸道，造成肺功能、肝功能、免疫功能异常。

所以，选择乳胶漆时，除了关心它的耐擦洗性或者覆盖力外，也一定要关注它的 VOC 含量和甲醛含量。我们可以采用以下方法简单识别：

- 打开乳胶漆闻一下，味道越小漆越好。好的乳胶漆，VOC 含量较低，因此味道会很小。
- 打开乳胶漆桶盖，把头伸到桶上方，靠近乳胶漆眨几下眼睛，对眼睛的刺激感越小的，说明甲醛含量越低，漆也就越好。

乳胶漆的花样施工

如果选用乳胶漆装饰墙面，其实还是有一些方法可以让乳胶漆的表现力更丰富些的：

- 对腻子进行处理：把腻子弄成拉毛、波浪、凌乱等等各种肌理纹路，然后再把乳胶漆刷上去。

- 对乳胶漆进行处理：刷乳胶漆后用一种专门的带花纹的辊子，在漆面上弄出花纹来。
- 在乳胶漆表面进行创意：乳胶漆施工完成后，可以在漆膜表面绘制一些花纹。可以用手绘，也可以用一些模具来拓印，还可以用贴纸来造

型，方法非常多，如右图所示。

- 对基层进行处理：腻子施工完成后，可以贴一些带纹路的刷漆壁布，然后再在上面刷漆，最后出来的效果也不错。

乳胶漆工程的验收要点

- 不准有掉粉、起皮、漏刷、透底、咬底、流挂、疙瘩、刷痕等现象。
- 颜色一致且无砂眼，无刷纹。
- 侧视，墙面应平整无波浪状，如需修补应整墙补刷。

需要加倍小心的木器漆选择

油性木器漆中除了大量含有前面提到的 VOC 和甲醛以外，还可能含有大量的苯类物质。苯已经被世界卫生组织确认为强致癌物质，短时间内吸入高浓度的苯可能会引起中枢神经系统的急性苯中毒。轻度中毒会造成嗜睡、头痛、头晕、恶心、呕吐、胸部紧束感等症状；重度中毒则会出现视物模糊、震颤、呼吸浅、心律不齐、抽搐和昏迷等症状；少数严重病例还会因呼吸和循环衰竭而死亡。美国专家进行的流行病学调查显示，在接触油漆的工人中，早老性痴呆病发病率显著升高。长期接触苯系混合物的工人再生障碍性贫血的罹患率较高，还可能引起白血病。

另外要特别注意的是：苯为无色且具有特殊芳香味的液体，专家们称之为"芳香杀手"。所以我们对很多闻起来有特殊香味的油漆需要更加小心。

我收集了一些知名品牌的油性木器漆的检验报告，发现即便是这些好产品，其中有害物质的含量也很惊人。即便对于环保性略好的醇酸类木器漆，国家规定 VOC 含量只要不超过 500g/L 就算合格了，可我看到的报告中很多木器漆的 VOC 含量都是四百多！

由于油性木器漆在环保性方面的缺陷，水性木器漆已经成为大众

装修不上当，
省心更省钱
ZHUANG
XIU BU
SHANG
DANG
SHENG
XIN GENG
SHENG
QIAN

越来越好的选择了。水性漆的发展也是很曲折的。记得水性漆刚出来的时候我就使用过，那时候的水性漆，耐磨性差，商家都建议只能用来刷立面，刷桌面之类的平面还是得用油漆。可这几年随着技术的不断更新，现在的水性漆也越来越受欢迎了，这里我先简单介绍一下几种常见的水性漆类型：

* 以丙烯酸为主要成分的。这种产品的附着力好，但耐磨耐用性差，是水性木器漆中的初级产品。
* 以丙烯酸与聚氨酯的合成物为主要成分的。与上一种产品比较，这种产品耐磨性和耐化学性强了很多，漆膜硬度好，综合性能已经接近油漆了。
* 聚氨酯水性木器漆。一句话：水性漆中的极品，各方面性能都非常好，耐磨性甚至超过了油漆，但目前好像都为进口产品，所以价格较高。

由于水性木器漆在市场上还是新产品，所以鱼龙混杂，有很多假冒、以次充好的现象。有的所谓的水性漆其实是"伪水性漆"。这种水性漆在使用时必须加什么"硬化剂""漆膜剂"之类含有大量毒害物质的溶剂。还有些更假的产品，居然都不能用水来进行稀释。

在购买水性木器漆的时候，最好开盖闻一下，好的水性漆在开盖的时候几乎没有什么异味。

当然，像我前面提到的那些水性木器漆的分类，用肉眼很难分辨，所以最好到正规商家那儿购买品牌产品，并且要求商家提供产品的检验报告。

油漆工程验收要点

首先应前后左右检查应该油漆的各处细节部位是否都油漆到位了。双方在讨论预算时应该讲清楚需要油漆的部位和要素，漆几遍等等，例如家具的内壁，本属于可油漆可不油漆的。再看油漆的颜色是否一致，厚薄是否均匀，有无翻白，光洁度怎样，漆面有无起泡、起皱或夹杂油刷断鬃和漆笤皮，油灰补的钉眼、木缝是否与板面色泽接近。凑近家具，利用漆面对光线的反射原理，可分段仔细观察油漆工艺情况。好的亚光漆工艺，从侧面查看时，看到的应是大小、范围、形状都基本固定的一堆光影，光面漆的反应则更明显。

壁纸的相关知识

提起家里是否打算用壁纸，可能很多人都会摇头："壁纸太过时了。"

这主要是因为他的脑海里浮现的 20 年前那些花纹呆板难看、有刺激气味、还爱脱落的塑料壁纸，而现在的壁纸早就不是那样的了。那时候的壁纸，的确是过时了。

现在的壁纸，很多都是纸基的，一些进口的壁纸在纸基里面还加入了碳酸钙，所以铺贴后，能非常牢固地黏合到墙面上。

至于花色，只能用眼花缭乱来形容。特别是一些进口壁纸，采用 7 套色，多滚纹，色彩非常逼真，花纹也非常自然，贴到居室墙面上，真的是美不胜收。

不过目前很多消费者对壁纸还存在很多误解，下面我为大家一一解释：

纯纸壁纸好

不知道为什么，其实国内市场上销售的大部分高档进口壁纸都是"乙烯膜壁纸"，而经销者非得口口声声说自己卖的是纯纸壁纸。事实

上乙烯膜壁纸是国外最流行也是最主流的壁纸，而纯纸壁纸，不知道啥时候开始就已经处于被淘汰的边缘了。

乙烯膜壁纸是在纸基上印上漂亮的花纹图案后再覆上了一层非常薄的乙烯膜。很多进口的高档壁纸，这层膜都非常非常非常地薄，以至于根本察觉不出来（所以很多卖这种壁纸的商家才会说它是纯纸的）。那么，加这层膜有什么好处呢？

首先，纯纸壁纸是怕水的，而覆膜后，不但防水了，还可以耐擦洗。你甚至还可以用软毛刷蘸洗涤灵清洗它！所以，小朋友可以用水性笔在上面随意涂鸦。

纯纸壁纸很容易被撕破，而覆膜后的壁纸非常结实。家里的孩子要是把不干胶贴画粘了上去，你也能轻松地揭下来。

另外，以前在纯纸壁纸上印刷的图案，由于直接暴露在空气中，所以很容易氧化褪色。而印刷后再覆膜的壁纸，几乎可以历久常新。

最后，覆膜后的壁纸，更换起来也更加容易。

这种壁纸是欧美日韩市场上最流行的，而国内的销售者却总是要强调说它是纯纸的，这主要是由于多年前国内曾流行过的可怕的塑料壁纸给大家留下了太多阴影。事实上，乙烯膜壁纸和塑料壁纸是一点儿关系都没有的。

壁纸不透气

这是目前大家对壁纸认识中的另一个误区。首先，墙面不透气其实是优点：如果墙面透气，建筑墙体材料中的氡气会慢慢散发到室内。氡是一种无色无味的天然放射性气体，被人体吸入后会很快变成具有放射性的同位素镭，使人致癌。世界上有 1／5 的肺癌患者与室内的氡气污染有关。氡气常从污染的大气中，以及混凝土、石块、油漆、砖瓦、涂料等材料中进入居室里。显然，封闭性较好的壁纸可以阻挡氡气的散发。另外，房间里的透气靠的是开窗通风换气，而不是靠墙壁来透气，所以墙面透气与否是根本不会影响到室内空气的。

那么，贴纯纸壁纸是否就是透气的呢？大家都知道，贴壁纸之前必须刷壁纸基膜，基膜的作用是"封闭、隔离、防潮和防霉"，也就是力求墙面不透气，以免壁纸发霉起鼓。

同样，刷乳胶漆的墙面是否就是透气的呢？大家都知道，使用乳胶漆之前先要用底漆刷墙，底漆的作用是什么呢？和壁纸的基膜作用一样，是封闭墙面的。而且如果你把乳胶漆刷在玻璃上，再揭下来看，你会发现那就像一层胶皮一样，根本不可能透气。

所以，无论墙面贴的是纯纸壁纸或者防水壁纸，还是刷乳胶漆，合格的墙面都是不会不透气的。

贴壁纸不环保

不用担心，由于现在工业技术的进步，好的壁纸多采用水性油墨印刷，几乎没有什么有害物质，而且被乙烯膜覆盖后几乎无法挥发。

而铺贴壁纸的胶，以前是使用壁纸装饰墙面的主要污染源。但是现在有了很好的专用壁纸胶粉，VOC与甲醛的含量都很低，使用的时候只要用水调兑后就像以前使用的浆糊一样了，几乎无味。

关键是和乳胶漆比较，胶粉的使用量很小。一般一盒壁纸胶粉175g可以铺贴25平米左右的壁纸。如果铺贴200平米的墙面（80平米的地面面积对应的墙面面积约为200平米），只用1.4kg的胶粉。

壁纸一般每平米重量为150g左右，200平米的壁纸重约30kg。

同样200平米的墙面如果使用乳胶漆，一般每升乳胶漆只可以刷14平米的墙面单遍。即便不考虑底漆，那么每7平米的墙面也要消耗一升乳胶漆，而一般一升乳胶漆的重量就有1.4kg了！如果刷200平米的墙面就要使用40kg的乳胶漆。

我收集了几份乳胶漆和壁纸胶粉的环保检验报告，对比了它们的数据，其中：

某名牌乳胶漆的环保系列，其VOC检验值为：19g/L，其游离甲醛检验值为：32mg/kg。

某名牌壁纸胶粉，其 VOC 检验值为：6g/kg，其游离甲醛检验值为：45mg/kg。

加上上面提到的壁纸，其 VOC 值没有，其游离甲醛检验值为：0.9mg/kg。

也就是说：

200 平米墙面如果使用乳胶漆，VOC 的总释放量约为：542g，游离甲醛总量约为：1280mg。

200 平米墙面如果使用壁纸胶粉，VOC 的总释放量约为：8.4g，游离甲醛总量约为：63mg。

200 平米墙面如果使用壁纸，不含 VOC，游离甲醛总量约为：27mg。

结果一目了然了吧。和乳胶漆比较，使用合格的壁纸胶粉铺贴合格的壁纸，产生的有害物质几乎可以忽略不计，这也就是为什么我的两套房子由于使用壁纸，而且坚决拒绝现场施工油漆活儿，所以整个装修过程中一点儿味道也没有的原因。记得我第一套房子完工后的第 2 天就有一百多位网友到家里参观，结果大家都不敢相信这是刚装完的房子，很多人都赞叹，"空气太清新了"。

壁纸不耐用，易损坏

乙烯膜壁纸是非常耐用的。你可以到店面去拿一点儿这种壁纸，使劲拽一拽，你会发现它的强度比所有的用来治理墙面裂缝的牛皮纸带还大。所以，贴这种壁纸，基本上不会存在墙面裂纹的担忧。

在一般的撞击下，壁纸是不易被损害的，不像乳胶漆的墙面很容易磕碰掉皮。另外，如果家里有小孩喜欢在墙上涂鸦，贴不干胶，贴上壁纸墙面就不怕了。一般的水性彩笔都可以被轻易除去，贴上的不干胶也很容易被揭下来。即便不小心把壁纸弄破了，修补也很容易：只要把原墙上破损的地方用刀切个方块下来，再把装修时留下来的壁纸对好花纹切下大小相同的一块贴在墙上就可以了。只要细心操作，一般修补后，站在一米外是完全看不出来的。

此外，乙烯膜壁纸防水、耐擦洗、抗氧化，可以说，只要施工铺贴程序正确，用个十年以上是没有问题的，而且不会褪色，可以保持得和新的一样。当然，如果你想更换壁纸，也是比较容易的。把旧的撕下来，直接贴上新的就可以，施工过程中也没有什么异味和扬尘。所以一些外国人还习惯在圣诞前自己动手更换家里的壁纸呢。

综上所述，我个人是非常赞成使用壁纸的，我的两套房子就是全部使用了壁纸（包括厨房和卫生间的干区），而且也都收到了非常好的效果。其中一套房子的壁纸已经铺贴 5 年多了，到现在墙面还和最初装修完成时一样新。

千变万化的壁纸风格

很多人一提到壁纸，总以为壁纸都是很花的，贴出来眼晕，这主要是大家现在一般看到的壁纸都是在一些 KTV、饭店等场所的工程壁纸，花色比较夸张。其实，壁纸中有很多非常素雅的，特别是韩国和日本的一些壁纸。日韩的很多壁纸主要强调的是壁纸的肌理感，颜色很清淡，贴在墙上非常素雅。不同国家的壁纸有不同的风格，一般来说韩国壁纸比较适合现代风格、简约风格；美国、加拿大壁纸适合美式风格、乡村风格；日本壁纸适合甜美温馨的风格；意大利、比利时壁纸适合色彩之家、华贵的装修风格等等。

很多纯色壁纸，贴出来和刷漆的效果一样，而且一些纯色带肌理的壁纸，贴出来的效果就像用花滚处理过腻子后再刷漆的效果。

壁纸甚至还有纯白色的。我如果再装修房子就打算把屋顶都贴上纯白光滑的壁纸，这样我的屋顶也可以随便擦洗了。

在挑选壁纸的时候，虽然一般也是不同的房间花色都不一样，但一定要把握好整体风格的统一。这和对整体装修风格的把握是一样的，不能说一个房间设计成欧式古典，另外一个房间却设计成现代简约，这样就出不来整体效果了。

ZHUANG
XIU BU
SHANG
DANG
SHENG
XIN GENG
SHENG
QIAN

装修不上当·
省心更省钱

壁纸花色太多，如何挑选有技巧

不要看太多： 先确定好自己大概的喜欢风格和预算，然后让销售只给你看同样风格和预算内的壁纸。如果你什么风格什么价位都看，就是看三天三夜都看不完。

一个房间一个房间地选： 很多人选壁纸都是没有目的地乱看，一会儿看到这个就说适合卧室，一会儿看到那个就说适合客厅，看了一天下来总是把自己搞得头晕脑花，没有任何收获。其实，选壁纸时最有效的是先确定给哪一个特定的房间选，然后看到适合的就用相机拍下来，并在样本上夹个标记，最后把这 N 个待选方案放在一起，仔细思考这个房间的特色，以确定最合适的。

不要妄想一次搞定： 根据我的经验，除非你是个特别随意的人，一般选壁纸不可能一次搞定的，所以去的时候就要做好准备。我总是带着相机，拍下所有看上的壁纸的照片（注意选择"微距"拍），回家后按房间分类整理到电脑上，再结合这个房间已经选定的其他东西和这个房间的风格来最终确定自己的选择。

壁纸粘贴施工要点

贴壁纸的基础施工和乳胶漆的基础施工差不多。贴壁纸前，墙面用腻子找平。那些细微的裂缝和 1 ~ 2mm 的小坑可以忽略（因为壁纸本身有一定的覆盖力）。对于 1mm 以上的结构裂缝要重点处理。墙面找平砂光后，固封墙面，用于固封墙面的建材现在有两种选择：

- 用 1∶1.5 的比例调兑无苯硝基清漆与同一品牌的无苯稀料（呈淡淡的黄色）涂刷墙面 1~2 遍用以固化墙面。
- 将壁纸专用水性基膜用清水 1∶1 稀释后刷墙。

118

这两种方法各有优势：用清漆固封墙面的效果更好（墙面更结实，方便日后更换墙纸），而壁纸专用水性基膜则更环保。大家可以根据实际情况来选择。

用硝基清漆固化墙面，一般晾一两天后可以贴壁纸。

用水性基膜固化后，半天就可以贴壁纸了。

铺贴壁纸最好找专业的铺贴队伍，他们会用到专业工具：

- 用机器给壁纸上胶。壁纸刷上壁纸胶浆后要放一放，让壁纸充分吸收了胶浆后，再上墙。
- 用一种大毛刷子来让壁纸和墙体更好地贴附，用一种塑胶滚子来压平接缝等等。

花色壁纸一定要对花铺贴，不然会显得非常乱。对花时有毛边的壁纸，可把相邻壁纸交叠，然后用锋利的壁纸刀把边裁掉。

另外，铺贴壁纸不能在阳角处收口，在阳角收口的壁纸容易被剐蹭起来。

贴好壁纸的房间一定要紧闭门窗闷上两三天，让壁纸和墙壁完全贴合。

提醒一下，购买壁纸，需要确定各种花色购买的数量，最好由商家到家里测量需求量，并由商家的人员来施工。而且，在购买合同中应该约定为整卷未开封的壁纸可以退货。

壁纸工人的工费一般不按照墙面的实际铺贴面积来计算，而是按照所用的壁纸面积来计算的。所以在商家的人员来施工的时候，业主应该在场监督，避免工人对壁纸的浪费。

壁纸施工验收要点

- 壁纸粘贴牢固，表面色泽一致，不得有气泡、空鼓、裂缝、翘边、皱折和斑污，斜视时应无胶痕。

● 表面平整，无波纹起伏。壁纸与挂镜线、饰面板和踢脚线紧接，不得有缝隙。

● 各幅拼接要横平竖直，拼接处花纹、图案吻合，不离缝、不搭接，在距墙面 1.5 米处正视，不显拼缝。

● 阴阳转角垂直，棱角分明，阴角处搭接顺光，阳角处无接缝。

● 壁纸边缘平直整齐，不得有纸毛、飞刺。

● 不得有漏贴和脱层等缺陷。

● 所有开关插座面板处应该如右图所示，留出正确孔位。

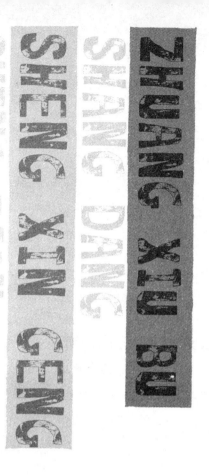

ZHUANG XIU BU

SHANG DANG

SHENG XIN GENG

SHENG QIAN

11

外购产品安装

在装修后期的这一阶段里，将需要集中去采购一些大件的商品，并完成在家中的安装。这往往是让你最抓狂的阶段，一方面花钱如流水，另外一方面，各式安装的协调工作难度很大。所以在这个阶段你最需要的是调整心态，不急不躁，井井有条的处理所有事情才是你的不二法则。

铝扣板的购买及安装经验

铝扣板是需要外购安装的一个大项，而且一旦安装，以后无论更换还是维修都是相当麻烦的，最好一步到位。

- 市面上的铝扣板的厚度在 0.5 ~ 0.8mm 之间，好多销售会向你吹嘘，自己的铝扣板很厚，很好。

- 其实铝扣板的好坏不全在于厚薄，只要铝材的柔韧度好，0.6mm 就足够了。

- 0.8mm 的铝扣板一般是用于工程的，因为工装需要的铝扣板经常会很长，为了防止中间下坠所以得选用厚的；家装用的铝扣板很少有超过 4 米的，所以 0.6mm 就足够了。

- 销售在说自己的铝扣板的厚度时也不要轻信，最好找个游标卡尺，一量就知道了。

上面说了，好的铝扣板的关键是铝材柔韧度好、强度强。

鉴别方法其实很简单：拿一块样板，用手把它折弯，不好的铝材会很容易被折弯，而且不会恢复原来的形状；而好的铝材要折弯则需要花些力气，而且折弯之后，会在一定程度上反弹，这就是铝材之间的韧性以及强度的差异。

韧性好，强度大的铝扣板安装后不容易出现弯曲或中间下坠的情形。

其次，铝扣板覆膜的好坏也很重要。鉴别表面覆膜好坏的方法是看铝扣板边缘的地方，试试能不能把覆膜揭起来。

合格的铝扣板覆膜是在高温下复合上去的，揭不下来；能揭下来的肯定是胶粘的，不能购买。

另外，好多销售会号称自己的铝扣板覆的是进口膜。其实铝扣板一旦安装了根本很少会动，而且吊在屋顶，所谓的进口膜和国产膜的差别，是根本看不太出来的。所以完全没必要在乎是不是进口的膜，只需拿几块样本在光亮处比较一下，选择光泽度好的就可以了。

铝扣板一般是你选定后由商家上门给你测量并确定用量（一般在贴完瓷砖三天后就可以让铝扣板商家上门测量），再给你送货上门的。为防止不良商家在送货的时候给你换成较差的货（铝扣板送到家，在没有比较物的情况下很难分辨是否还是当初选定的货），建议大家在店面选定后要求商家从样块上锯一块下来给你带回去，并且明确告诉他，这样是防止送货时候会不一样。这样做不但在送货时你可以用样块来辨别货品，而且商家知道你有样块在手，一般就不会调换你的货了。

很多人在购买铝扣板时会在辅料上面吃亏。购买时商家总会轻描淡写地说：免费上门安装，只收取一些"辅料"钱。一般人听到"辅料"两个字会以为很便宜。其实不然，由于之前没有确定好辅料的价格，而且铝扣板安装中辅料用量也比较大，到时候一算，甚至辅料会比铝

ZHUANG
XIU BU
SHANG
DANG
SHENG
XIN GENG
SHENG
QIAN

装修不上当·
省心更省钱

扣板本身的价格还高！而铝扣板的安装往往需要和其他产品的安装配合，很多业主在安装铝扣板那天会约好相关产品的安装人员到场，到时候即便发现在辅料上被商家蒙骗了，也只好吃了这个哑巴亏。

正因如此，大家在购买铝扣板时，不但要和商家谈好铝扣板多少钱一平米，还要确定好安装费是多少钱一平米，龙骨、边条多少钱一米，并且在商家上门测量之前最好不要交不能退的订金。等商家上门测量时，让他当场粗略算出需要多少边条、多少龙骨。你估算一下，然后和商家商量出一个包括铝扣板及安装和安装中将用到的所有材料的全包价格。一般铝扣板的安装及辅料费用不应该超过铝扣板本身价格的30% ~ 40%。

买了好的铝扣板，能不能安装好也很重要。仔细观察你会发现很多人家里的铝扣板缝隙忽大忽小，或者是有的板高有的板低，整体完全不平整。这样的情况大多是由于安装不合格造成的。

铝扣板最好选择商家的专业安装队伍来安装，这会比装修队的安装水平高很多。原因很简单，商家的铝扣板安装队工人，天天不干别的，就安装铝扣板，所谓熟能生巧，肯定技术不会差。

一些业主会在安装铝扣板后安装浴霸或排风扇，一些安装工会直接把它们固定到铝扣板上，结果日后使用时会有较多问题：

排风时会发出非常大的噪音——因为和铝扣板发生共振；

久了，铝扣板会被压得变形弯曲，浴霸或排风扇摇摇欲坠。

所以，如果安装浴霸或排风扇，应该先定好位置，根据产品型号，在装铝扣板之前让工人在房顶上装个框架。等安装完铝扣板后，便把浴霸或排风扇直接固定到这个框架上，又结实又安全。

铝扣板安装完后应该按照以下标准进行验收：

• 铝扣板整体应该平整，无波浪状起伏，铝扣板与龙骨应该紧密连接。有的铝扣板用手捅一下就会动，这是绝对不合格的安装。

• 铝扣板的边条应该和铝扣板结合平整，和墙面也应该无缝隙。如果因墙面不平造成了缝隙，最好用玻璃胶修补。

※ 铝扣板上面会有些开口，直接暴露的开口应该用边条统统保护起
来，视觉上应该整齐。

木地板的购买及安装经验

木地板也是一项大支出，市面上的木地板种类繁多，我附在附录
的《常见木地板的特点及选购方法》一文中介绍了一些相关经验给大
家。木地板一般由销售商提供铺设安装服务，在铺设木地板前，业主
也应做好一些准备。

铺设地板前应该请销售方派人查看现场的铺设条件，不符合铺设
要求的，参考技术人员的专业意见，尽早安排处理。

※ 确定铺设的方法：普通悬浮式、地热悬浮式、豪华龙骨式、直接
铺设等等。

※ 实测铺设的面积，确定铺设的方向，以及辅料数量和种类。地板
的正常损耗在 3% ～ 5% 之间，若地面有异型结构或楼梯，损耗
率会相应增加。购买地板的时候可以多买一些，并和商家约定好，
多余的完整地板块可以退。

这里要说一下，买地板，辅料一般都是送的。但也应该注意送的
辅料的质量，特别是龙骨、踢脚线和防潮垫。赠送的踢脚线很多都是
PVC 的，安装后效果一般不太理想，可以考虑添些钱给商家换成好些
的。也可以自己让工人用密度板制作踢脚线。很多人都不清楚踢脚线
的颜色是该和地板颜色一样还是该和门套的颜色一样，其实应该是和
门套颜色一样，最后的效果最漂亮。

铺设地板的时候，龙骨的问题往往让人困惑，什么地板需要架龙
骨，而龙骨的质量又怎么辨别呢？

实木地板是单纤维方向排列的木质物。有木性，就是容易变形，
所以如果铺装实木地板，最好架龙骨，用龙骨来固定它，使其不易变形。

装修不上当，省心更省钱

ZHUANG
XIU BU
SHANG
DANG
XIN GENG
SHENG
QIAN

而其他的只要不是纯实木的地板，都不是必须使用龙骨来安装的。

木龙骨必须采用干燥过的木方条（含水率小于 16%）和龙骨专用螺丝钉来固定。但要注意龙骨的含水率也不能太低，在 14% 左右为好——太干了，定钉子，非常容易劈，而且握钉力也差。选择的龙骨不能有树皮，带树皮的地方很容易生虫子。龙骨的四个棱要饱满，趴棱不好。不过有时候龙骨衔接的地方有点儿缝，是没有关系的。

安装复合地板，一般采取悬浮法安装（地板与地面不连接，直接铺设到地面），但如果有管线需要从地面走，而地面又无法开槽就比较麻烦。其实大家可以选择一种叫"铺垫宝"的产品，这是一种类似于硬塑料泡沫的东西，有一定厚度。在铺设地板时，可以先把铺垫宝直接铺到地面上，再把地板铺到铺垫宝之上。这样铺设的地板，就可以在铺垫宝里走管线，比较方便。但很多铺垫宝在有重物压上的时候会有一定的下陷，特别是边角部位。大件家具一般都是靠边摆的，所以如果不是为了开槽埋线，要慎用铺垫宝。

很多地板，在使用过一段时间后，遇到气候比较潮湿的天气，就容易起拱，其实这个在安装过程中稍加注意，就可以有效避免了：

• 地板铺装和各墙面都应该留有伸缩缝，而且这个缝一定要留得充足（一般 8～10mm）。一般用踢脚线掩盖此伸缩缝，但在安装踢脚线时要注意，有时候有些杂物会掉到伸缩缝里，使地板无法伸缩造成起拱。

• 相邻两个房间都铺设地板的话，门套处应用扣条过渡，避免太长的跨度造成地板横向膨胀太大起拱。

• 如果房间跨度很大，两端预留 8～10mm 的伸缩缝可能不够，可以采用双层踢脚线的方法，以获得更大的伸缩缝空间。双层踢脚线，前面的那层可以比后面的矮 2mm 左右，出来的效果一般还是挺好看的。

地板安装完毕后，主要看地板的缝隙是否对齐、均匀，在地板上多走动几下，感觉有没有松动、鼓翘的地方。

灯具的购买及安装经验

灯光设计是人们在装修时最容易忽略的环节。大部分家庭的居室都只有用于照明的主光，而灯光在改变色调、引导视点、划分区域、改变物品轮廓等方面的重要作用在家庭装修中往往没有得以应用。同样的一个房间，经过灯光设计后，会显得更加灵动，更加出彩，这也是为什么大型展览布置的最后一步总是由灯光设计师来"打光"。

居室中合理的灯光设计应该有以下 3 种照明：

集中式光源：让你能看清你在做的事情的灯光，比如书房的台灯、厨房的操作灯、化妆室的镜前灯等等；

辅助式光源：相对柔和，并不起主要照明作用，只是调节室内的亮度，比如看电视时需要开一盏柔和的落地灯；

普照式光源：一般是家里的主光，起到对全屋的照明作用，比如客厅的顶灯。

室内灯光设计，既要满足功能性需求，又不能忘记美化性需求，其实本身是一门深奥的艺术。自家设计灯光时，往往没有专业人员指导，最保险的方法是，在装修的时候先只设计主光源，以后再慢慢添置其他光源。一次或许只买一盏灯，再尝试使用不同的灯泡，放到不同的地方观察其效果，最后选择最合适的摆放。

完美的家是我们一点点儿精心打造出来的。我附在附录的《家庭灯具设置相关知识及经验》一文介绍了一些有用的经验，相信你看后对家里的灯具设置会有更完美的方案，等不及去灯具城采购了。灯具，可是价格水分最大的建材之一了，而且灯具的砍价方法也有很多技巧，所以我奉上一份诗玫砍价实例"灯具篇"供你参考：

到了灯具城（"城"里一般也是分成一个个店面的），我建议大家一定要先粗逛一遍，寻找到有我们需要的灯的最大的几个店面。所以

装修不上当,
省心更省钱
ZHUANG
XIU BU
SHANG
DANG
XIN GENG
SHENG
QIAN

粗逛的时候,那些货品很少的店面都不用进去了。选定几个店铺后记录在随身的小本上,然后就开始战斗。

当然首先去最好的店铺,这一次就可以开始细逛了,仔细挑选自己喜欢的灯具。很多大店面除了出售展示的灯具,还有很多图册可供挑选的。一边逛一边留意销售人员中谁是老板或者店长,尽量让这类人给你服务(他们对价格的控制范围比较大)。基本选中打算购买的灯具后(看到喜欢的灯具也要不形于色),就可以开始和销售人员交流了。

先表示自己逛灯已经逛了很久,今天就要买,他们店里的风格和家里比较配,如果价格合适就打算都在他们家买。

一般你说了这些话,她都会开始热情地为你介绍,这时候你就可以开始精挑细选,把家里需要的灯都选定了(但不要选镜前灯和吸顶灯,后面会告诉你为什么)。

这个时候砍价大战已经开始了。一般你选定一个灯,销售人员就会记录下这个灯的型号,并写一个被你小刀后的所谓"最低价"在后面。(以下是讲价中的关键用语,大家可以灵活操作,谈话应该很愉快的。)

你选完所需的灯后问:一共多少钱啊?管安装吗?(从这个时候开始就引导销售不要老说每个灯多少钱,而是以所有灯的总价来讲价。)

她肯定回答:免费安装,一共××××元。

你说:这么贵啊,便宜些吧,我看到×××号展厅那家和你的灯风格差不多(说出刚刚粗逛中和这个店产品最相似的大店的摊位号),我大概看了看,价格好像比你们低哦!你便宜些吧,不然我还是去他家买吧。

销售听到这话一般会让一些钱。

然后你再说:你再便宜些吧,我是我们那小区装得比较早的,在小区论坛上是版主,好多邻居都成天到我家看,还打听我家用的是什么,都爱跟着买。你便宜些卖给我,我还可以介绍他们过来买啊。对了,给我张你的名片吧。

销售会很热情地给你名片。

你做认真收藏状，说：我都给你介绍生意了，你还不给我便宜些啊，我好多同事朋友也都刚买房，我也可以介绍他们来买的啊。

于是在你的利诱下，她一般都会给你一个较低的价格了。

这个时候你再说：算了，我们家工人也可以安装灯，不用你们安装了，再少几百吧。

一般可以便宜一至两百。

然后你做要买状，开始和她商量送货日期把订货合同写好，正要支付订金时好像突然想起来似的说：啊，忘了选镜前灯了。干脆你送个镜前灯给我吧！我选个一般的就可以了。

一般标价一两百的销售都会送给你。因为合同都写好了，她不可能不做这笔生意了。

然后你去选定镜前灯，又发现了两个吸顶灯（用于厨房和厕所的那种，本来就不太贵，但要选择防潮的哦），也要求她送给你。只要方法得当，她也会答应的。

最后可以签合同了（补充上送的东西），然后你说：灯泡和分组器（一般用在客厅灯上，控制灯泡分组亮）是配好的吧，也写上吧。写上后，你再去看一遍你选好了的灯，最好再给每个灯认真地照一次相，一边看还要一边感叹：你们的灯真好看！我把这些照片发到论坛上去，我那些邻居看了肯定要来买的。商家面露喜色。你再说：这么好的灯，我家工人装坏了怎么办，还是你们装吧。商家此时已经无语，肯定会答应的。于是在合同上写好免费送货、安装，保修一年后，你就可以畅快地付钱了。

应用此法，我成功地在北京某个传说中最低只能打 8.5 折的著名灯具店里以 4.5 折的价格购买到了我所需要的灯具。之后有很多网友跑到那个店购灯，进去就问打几折，商家说 9 折，网友说 5 折卖吗，商家直接回答"怎么可能"！然后网友很困惑地回论坛问我是怎么买到的，于是我写下了上面的过程，大家看后惊呼"原来如此"。哈哈，希望你也能成功应用，而且此法还可以应用到所有类似的商品上去。

ZHUANG
XIU BU
SHANG
DANG
SHENG
XIN GENG
SHENG
QIAN

装修不上当，
省心更省钱

成功通过砍价技巧低价买到喜欢的灯具，心情肯定很不错，但要注意，一般灯具是由卖灯的商家负责送货的，送货到家的时候，就必须开箱逐个检查，因为一旦安装到屋顶上就很难检查了。特别要留意以下地方：

- 所有接线的地方是否结实规范。
- 灯罩部位是否有划伤裂痕。
- 有些灯具有拉杆或者吊链，就要注意这个拉杆、吊链的强度如何。
- 晃动一下安装灯泡的灯座，看是否有松动的现象。
- 很多造型灯具是从灯座上探出灯头，一定要检查灯头和灯座的连接处是否牢固。

灯具安装注意事项

- 灯具安装，最重要的就是要牢固，可以用手拉一下，感觉一下。
- 灯具底盖应该紧贴顶棚，不能晃动。
- 如果是吊灯，会有电线从顶上延长到灯头部位。要注意，这根电线不能是绷紧的，应该是松松地缠着拉杆走下去的，不然以后这个长期绷紧的电线很容易出问题。
- 仔细检查，不能有裸露在外面的电线。
- 另外很多吸顶灯具上面都有防划伤的膜，安装后需要揭下来。揭过的人都知道，那是相当困难。其实有个小窍门，可以用吹风机吹一下这个膜，然后再揭就非常轻松了。

关于自购产品的三个提示

在我附在附录的《一些建材产品的选购和安装》一文中，我介绍了在这个阶段可能需要的其他一些经验，但还有三个看似细节的地方，需要特别提醒一下大家：

关于玻璃胶

玻璃胶应该是装修中使用频率最高的一种胶粘剂，我们在很多地方都需要用到它：台面安装、马桶安装、玻璃拼装、面盆安装等等。但大部分业主都不会自己去购买，而是任由安装工使用他们自带的，而这往往就给以后买下隐患。劣质玻璃胶不但有味，而且以后还会发霉、断裂、脱落。其实最好的玻璃胶也不贵，大家不妨在家里准备几管，等安装需要用的时候让工人使用自备的，会好很多。

目前市面上玻璃胶的种类非常繁多，建议大家直接到大型建材超市去购买。最好的玻璃胶也才几十块一瓶，选购一些进口的防霉的产品，可以免去日后麻烦。

另外，有一种酸性玻璃胶，使用时有非常刺激的气味，其粘力比较强，对一些材料还有腐蚀性。购买的时候一定要谨慎，如非必要，不要购买。

玻璃胶还有白色、透明、黑色等不同的颜色之分，根据我的经验，一般透明的玻璃胶在大部分地方都可以用得上，家中自行准备可以选择这个颜色。

小心劣质水件配件暗藏隐患

因为担心家中水漫金山，所以一般大家在购买龙头等水件的时候都是比较小心挑选的，可日后出毛病的往往是我们容易忽略的一些小配件。这其中最容易出现问题的有这样一些东西：

水龙头的上水软管：有的水龙头并不搭配上水软管，而很多业主在安装时才发现这个问题。这时候有的业主就让家中装修工人出去随便买一根安上，而这根随便买的，日后往往就会爆裂。其实即便是质量好的上水软管，由于中间是橡胶制成的，也难免老化（特别是热水上水管），所以家中应该定期对这些软管进行检查，并及时更换。

角阀：由于角阀比较便宜，很多时候商家会在你购买马桶或者龙头

ZHUANG
XIU BU
SHANG
DANG
SHENG
XIN GENG
SHENG
QIAN

装修不上当·
省心更省钱

的时候赠送给你几个，而这赠送的产品往往质量不过关，特别是买马桶时赠送的。我就知道好几个网友家中都是这个角阀突然爆裂的。

面盆的下水软管：是一般叫蛇皮软管的一种东西，把面盆的水引到下水道中。同样，这个东西一般也是卖面盆的会赠送的，可以说这个只要是塑料的赠品，日后无一例外的都会漏水。建议大家在安装时直接购买金属的，以免麻烦。

警惕商家口中的"随时"

购买商品时，有时候会问，啥时候可以送货啊，商家经常很爽快地回答："随时！你打个电话过来就给你送过去。"

这样做仿佛让人吃了定心丸，于是有时候不是工地上急着用的东西，就不在购买合同上约定送货时间了。结果往往到你需要的时候，打电话过去，人家说没货要等，但由于你在合同上又没有约定好，就只能任人摆布啦。要知道，虽然是你购买的东西，但只要在商家的库房里面，他很可能就会卖给另外的人，等你需要的时候再给你去进货。做生意的都知道，这样是最大限度地减少库存成本。但如果你和商家约定了某日送货，商家自然会提前去把货备上给你送过去。即便他们违背了约定，你也可以以合同约定为依据向商家讨个说法。

总之一定要谨记，"随时"的意思就是"随时都不可以"。不光是送货，包括商家承诺的一些上门服务，都应该精确地指定出具体日子，并落实到纸面上。

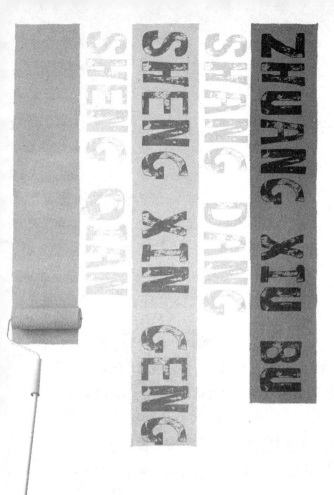

SHENG QIAN

SHENG XIN GENG

SHANG DANG

ZHUANG XIU BU

12

硬装尾声

所有需要安装的物件都布置妥当之后，硬装修阶段就进入了尾声。但此时家里还是空空的，我们需要去选购家具。常常有朋友问我，到底该在什么时候购买家具？在讨论家具购买时机的问题上必须把家具分为两大类：

　　一类是会影响到装修设计的家具：比如沙发、壁柜、橱柜等。

　　另一类是不会直接影响装修设计的家具：比如茶几、椅子、床头柜等。

　　对于我们这些没有专业想象力的一般人来讲，家具肯定是越后买越不容易出错。因为，装修，真的是会让你的房子和你的心理发生巨变的，很多开始以为一定适合的东西，往往在整个装修过程中会改变N次方案。所以，家具这种重要的东西，肯定是靠后买比较保险。

　　回过头讲，由于橱柜、壁柜这类家具会直接影响到装修的设计，那么一般是装修初期就应购买好，厂家的设计人员会上门测量尺寸设计产品并指导相关工程的设计方案。而沙发、床这样的家具虽然也涉及装修方案，但一般我们不用真的购买，可以大概确定购买的产品，关键确定一些重要尺寸，这样就能确定相关的装修方案了。这样即便到后期想法有所变动，也只要再选择和之前确定的尺寸差不多的产品即可，而不用麻烦地去退货了。

家具购买

购买家具，环保一定是放在第一位的，可市面上各种品牌产品眼花缭乱，该怎么挑选呢？

首先尽量选择有诚信的品牌产品。其次，在展厅的时候应该重点考察那些看上去刚刚搬来的新样品，还可以打开那些不常打开的地方。比如你可以打开靠下面的抽屉，然后把脸凑过去，眨眨眼睛，感觉眼睛有没有刺激感。如果有，就说明不环保。那些一看就在展厅放了很久的产品，一般味道就不明显了，不做考虑。而新的样品，可以多实验几个。只要有一个感觉不环保，那这个商家的产品就不可选。据我所知，现在很多不良商家是采取合格板材和不合格板材混用的方法来降低成本的。

另外，购买商家的样品，有时候是不错的选择。不但便宜，而且味道散得差不多了，另外还避免了商家给你的产品和样品不一致的现象。

很多商家都会宣称自己的家具是"纯实木"的，虽然我们不一定非得买纯实木家具，可商家想骗人可不行。其实很多所谓的纯实木，不过是贴了一层实木皮在表层，识别方法很简单：只要看看家具的边角部位，也就是看木板的断面，看看侧面和表面的木头的纹路是否连贯。纯实木的木纹肯定是连着的；而贴皮的家具，断面只能是贴另外一张木皮，这样就无法和表面连贯木纹了。当然，并不是说贴木皮的家具就不好，不能买，其实这种贴木皮的家具也有优势，比如不容易开裂等。只是这种贴片家具和纯实木家具的价格应该是不一样的。

无论多贵的产品，无论多好的品牌，都有可能出现问题。所以，当购买的家具送到的时候，必需仔仔细细地验收，而且要尽可能细地验收。

每当你验货的时候，送货的工人为了早点儿走，都会在旁边不停

地叽叽歪歪，说不需要啊，快点儿啊之类的。你不要理睬，坚持你验货的权力。要知道，很多问题可能是在搬运过程中发生的，如果你没有验货，直接在收货单上签字确认，之后商家可就不会承担责任了。

如果验货时发现问题，不要因为觉得钱款反正已经付了，没办法了，就委曲求全地收下。只要质量的确是有问题，你完全有权力拒绝收货，之后再到商家办理退款。

开荒保洁

很多保洁公司会在你逛建材城的时候拼命向你推销，他们开荒，多么多么地专业。其实根据我的经验，除非你家有大理石地面需要他们用那种打磨机，否则，花那么多钱请保洁公司，还不如多请几位小时工来打扫，会省更多钱。

这些所谓的专业保洁公司在开荒过程中，往往会用很多"专业武器"———一些污染性和腐蚀性都很强的化学制剂，经常会对家里的物品造成伤害。请小时工，我们可以自己采购安全可靠的清洁剂，最后效果往往更好。

而且，保洁公司提供的开荒服务一般是一次过，花的钱还不少。同样的钱，可以请小时工干更久的活儿。家里装修完毕的保洁，我感觉很难一次搞定。一般在硬装基本结束后，需要彻底打扫一次，然后会进行一些安装，而这些安装往往又会产生很多垃圾灰尘。找小时工则可以在安装结束后再请他们来打扫一次。

请保洁人员来开荒的时候，一定要在场监督工作，避免他们采用一些野蛮手段。表面上是打扫了卫生，实际上却破坏了你辛辛苦苦买来的家中物品：

草酸：为了省事，很多保洁人员会使用草酸来清洁，可草酸对不锈钢制品有很强的损坏作用，会使不锈钢制品失去光泽，很难恢复。

铁丝球：陶瓷釉面很容易被铁丝球损伤，同样无法恢复。

玻璃擦：很多保洁人员使用的玻璃擦很脏，上面甚至还有很多硬物，结果在给你擦玻璃的时候就很可能把玻璃擦出划痕来。

地漏：保洁人员打扫的时候往往不像我们自己这么细心，地面可能直接用水冲洗。但有时候刚刚装修完的地面有很多残渣，甚至水泥灰，直接冲到地漏里面很容易把地漏堵住。

另外，他们还有可能在拖动设备时把你的地面弄划，取拿物品时把门或者家具、墙面碰坏等等。一旦出现这些问题，保洁公司都会让保洁人员自己掏腰包赔钱，而他们的收入往往很低，你一般又不忍心让他们赔。所以保洁开荒时你最好在旁边提醒保洁人员，避免这些事情的发生。

最后再提醒一下，有些东西最好留到开荒后再入场：

窗帘：如果保洁的时候，家里的窗帘已经安装好了，不但容易在保洁的时候弄脏，而且会由于窗帘的存在使窗户周围的很多地方都无法得到彻底的清洁。

橱柜、大衣柜：虽然这些大家具在安装时也会产生很多灰尘和垃圾，但都是比较容易清扫的。但如果在保洁前就把这些大件安装上了，那么被它们挡住的部位的污垢可能一辈子也打扫不了了。

浴缸、淋浴房：卫生间空间一般不大，如果安装了这类大件，那开荒时卫生间能打扫到的地方就会很少，而且这种大件在开荒时还很容易被损坏。

其他的如家具、沙发、电器等物品当然最好也是等开荒完成后再入场。根据我的经验，保洁最好还是分两次，一次是在硬装基本结束后，把家里彻底打扫一下（开荒），然后进行各种安装。完毕后再彻底打扫一次，之后再搬运各种家具电器等入内。

散味真的能散去毒味吗

很多人的家里装修完毕后发现有味，于是就选择"散两三个月再

ZHUANG
XIU BU
SHANG
DANG
SHENG
XIN GENG
SHENG
QIAN
装修不上当·
省心更省钱

搬家"。其实这么做是不科学的。

因为家中如果有甲醛或苯释放，一般都是缓慢释放，而板材如果不环保，其甲醛和苯的释放时间将长达 10 年之久。所以简单地经过几个月的"放味"显然是没有作用的。

正确的方法，应该是请专业人员来家里排查，看到底是什么东西超标。如果是家具、地板等，应该毫不犹豫地进行更换。毕竟，健康才是最重要的。

市面上也有很多装修污染治理商品：××甲醛捕捉喷雾，××环保卫士之类，它们真的有效吗？

很不幸，我曾就此问题专门请教过清华大学一位读环境科学的研究生，答案是这些产品中的大部分几乎没什么效果。

首先，中和这些有害气体最好的东西是大气，也就是空气，所以加强通风比拿个什么东西去喷要强得多；

其次，有些喷雾的确是会和甲醛等物质发生中和反应，但由于释放是持续的，除非，你一直拿个东西去喷，才会有效；

另外，对于一些无法通风的地方，其实常见的木炭的吸附作用就很强，比如一些衣柜里面，如果有味，可以放些木炭，然后再拿出去晒晒，也能吸点儿。

但是，这些弥补手段，都无法根治不环保的装修。所以大家还是得在装修过程中严格把关。

搬家

后期工作的完成，标志着浩大的装修工程终于结束了。当然，还有件事情是所有人在装修后都必须做的，那就是搬家。在北京漂泊 10 年，从最初的租房到后来买房，搬家于我也是小有经验的，写出来大家共享一下吧。

- 搬家前，最好用烟雾杀虫剂，对家里的蟑螂、蚂蚁之类进行彻底的剿灭，避免带到新家。
- 票据证件文书之类贵重物品最好提早收拾出来，放到办公室保险箱之类稳妥的地方，以免丢失。
- 搬家公司到达后，和领头的人再次确认哪些东西需要搬运，搬到什么位置，什么楼层，核对搬运费用是否和以前约定的一致，避免搬到一半，工人坐地起价。而搬运费，也最好等所有东西到位后再支付。
- 家具上的大块玻璃，必须卸下来，单独搬运，避免危险。
- 如果新家地板不是耐磨的，最好先进行保护，不然搬运过程中难免在其上拖动物品。不要以为你已经告诫了工人就会有效。
- 在旧家时，先搬小件上车，到新家时，先搬大件下车，并且主人应该先到房间指明所有大件的摆放位置。
- 把所有易碎物品集中放到一处，并且做好醒目标记，认真提醒工人。易碎物最后搬上车。到达新家后，最先搬下车。为安全起见，最好是直接让工人搬运到新家卫生间之类的空间里（一般搬家很少有往卫生间搬的东西）。
- 打包的时候，最好给所有东西都编上号，贴上，到时候就一目了然了。
- 所有柜子、箱子里面的物品都应该取出另外打包，不要让工人连着里面的东西一起搬。

13

后期配饰

家中的硬装完成后，可能只能算是一个房子，只有通过精心的后期配饰，这个空洞的房子才能真正变成一个温馨的家。

后期配饰是整个装修期间最需要用心用感情的地方。与硬装阶段不一样，后期配饰中购置的所有东西都是在表面上的，能吸引眼球的，特别是像窗帘这样的大面积物品，如果选择不好，可能会严重影响最终的效果。所以从视觉效果来讲，后期配饰比整个浩大的装修工程还重要，是决定家中视觉美感最重要的一步。因为即便前期有些遗憾的地方，通过后期配饰也都能调整过来。

一些人把家装完后，后期配饰就直接找个设计师，一次呼啦啦地全上全了。当然，对于没有时间精力打理家的人士来说，如果找到了一位真正的好设计师，这也不失为一种办法。但如果你有时间，我感觉后期配饰还是应该自己来。后期配饰是最体现主人品味和喜好的环节。其实除了窗帘之类的必需品，很多摆设之类是可以慢慢购置的，家中可以宁缺毋滥。等有空的时候和家人一起选购些心仪的小件或者去外地旅游的时候，带回些当地特色的摆设，这样的配饰过程才充满情趣呢。

如果你对自己的审美把握不大，建议你可以找一位设计师，和他一起进行后期配饰品的选购。但应该由你来选择一些你喜好的物品，然后由他来决定该买哪些，以求最好的搭配装修效果。这样，既在家中摆设了你的心爱之物，又由专业人士从美学角度进行了搭配，两全其美。

和硬装不一样，后期配饰不是毫无乐趣的任务，而是可以调剂生活的娱乐项目，和家人好好享受这其中的乐趣吧：

- 可以给沙发选择几套完全不是一个风格的沙发套，根据不同情况更换上：比如夏天清凉款，冬日温暖款，甚至是节日喜庆款等等，每次换上都有不同的感受。
- 和沙发套一样，可以再搭配几套完全不同的床品来应时变换，让家人永远有惊喜。
- 每次变换沙发套或者床品时，试着更换同一空间的挂画，将会收到意想不到的效果。
- 即便是冷冰冰的马桶，也可以通过搭配不同的马桶套件来展现不同的心情。

- 花瓶里的仿真插花，也可以根据不同季节来搭配不同的花卉，不断变化，给家人新鲜感。

总而言之，后期配饰，就如同打扮，要有新意，也要有变换，而且绝对是一件充满乐趣的事情。

具体的布置原则可以参考我在附录中为大家总结的《各个不同房间的色彩及空间摆设原则》。

通过配饰弥补前期遗憾

如果在前期装修中的色彩搭配上有不如意的地方，后期配饰能够在很大程度上来弥补。

ZHUANG
XIU BU
SHANG
DANG
SHENG
XIN GENG
SHENG
QIAN

装修不上当·
省心更省钱

- 墙面颜色和沙发的颜色完全不搭调：可以考虑在沙发前铺设一大块同时包含墙面颜色和沙发颜色的地毯，也可以在墙面挂上能中和墙面色和沙发色的装饰画。

- 餐厅选购的餐桌颜色不喜欢：可以给餐桌搭配上漂亮的桌布，给餐椅也配上同色系的椅垫。

- 卧室里床的颜色不好看：最简单的方法就是购买一些漂亮的靠包。你会惊奇地发现，仅仅是几个靠包往床上一放，整体效果就完全不一样了。另外还可以在床的周围配上合适的小地毯，也能收到非常好的效果。

- 墙面颜色太素：可以选择一些漂亮的较大幅面的装饰画。

- 墙面颜色太花：可以选择相搭配的素雅的窗帘。

配饰对色彩的作用可以说是让人惊讶的。一个简单的空间，可能因为插了一束跳色花朵的水晶花瓶而大为改观。当然，这些你都可以慢慢摸索，慢慢体味。

装修中，不可避免会有些因失误造成的缺陷，这些看上去像是难看疤痕的地方，一样都可以在后期配饰的时候，巧妙地掩盖弥补。

- 家中显眼位置有一处难看的电箱：挂一幅或者几幅画，或者别的装饰物就能简单掩盖住。

- 包立管时预留的检查口总是很难看：在哪儿摆放或悬挂一个漂亮的置物架，既实用又能有效遮挡。

- 地面瓷砖被污损而无法复原了：如果面积不大可以摆放植物或者其他装饰物，如果面积大，可以铺设一块或者几块地毯。

- 安装五金的时候在瓷砖墙面上不小心打错了孔：可以买漂亮的瓷砖贴贴上。

- 开关面板盖不住暗盒，周围有难看的缝：买开关贴贴在开关周围。

无论怎么精心设计，到最后，往往在家里都会有那么一两根难看的管线暴露在房间里。该怎么巧妙装饰，才能让它们不会破坏家中美感呢？以下一些方法：

- 给它们涂上和背景一样的颜色，让它们在视觉上显得不明显。最好是用剩下的乳胶漆直接涂，最能保证颜色的统一。

- 如果有的管子在窗户旁边，那么可以用做窗帘剩下的布头，给它做一个套子，把它包起来，这样就显得好看多了。

- 如果它在一些无法利用环境色隐藏的位置，或许可以干脆让它更突出些。根据室内的风格，用颜料在它上面画上花纹，比如一些小小的野花，或者直接画成一棵小树，最后效果可能超乎想象哦。

- 买一些仿真植物，最好是藤蔓和花都有，用藤蔓把那些花缠绕在管线上面。鉴于现在很多仿真花草都超级漂亮，弄完之后，你可能还会郁闷为啥家里的管子这么少呢。

后期配饰的大项——窗帘

买窗帘最好去窗帘城，外面建材城里面的窗帘区的窗帘会比窗帘城贵 2 ~ 4 倍，而且好多布样也不齐全。一般越大型的窗帘城价格越实惠。

到窗帘城购买的时候也要注意，窗帘城里有很多让你省钱的小秘密：

- 窗帘城那些一楼以及一些主通道的店铺，其租金会比 2~3 楼以上那些一般你不迷路就逛不到的店铺的租金贵很多，显然他们店面里面卖的东西价格也会高很多。

- 那些巨大又气派的店铺付出的租金成本也会很高。

- 很多窗帘布会被冠以"进口面料"的名头而身价百倍。先不说这窗帘是不是真正进口的，我们中国就是纺织品出口大国，我觉得窗帘这样的布艺产品完全没有必要盲目追求进口。

装修不上当，
省心更省钱
ZHUANG
XIU BU
SHANG
DANG
SHENG
XIN GENG
SHENG
QIAN

所以，我一般逛窗帘城的时候，先会选择那些巨大的气派的店面看，他们一般会展示很多漂亮的造型的样品，而且他们的样板布料也会大面积地悬挂出来展示。多逛几个这样的店就对自己各个房间大概要做什么样式以及要用到什么面料心中有数了。然后我会直奔楼上那些犄角旮旯的店铺，从他们那些简陋的布样本里直接选出我要的布样（你会惊讶地发现，其实大家卖的布都是一样的）。然后告诉她们我要做成的样式，直接和她们砍价。有时候你会发现，她们的报价就只有那些豪华店的一半。

定做窗帘确定尺寸后，要和商家签订订货合同，上面应有每副窗帘的尺寸和合同总价。大家最好让商家把这尺寸写得详细些，配上图示就更好了。一定要保存这份尺寸，到窗帘安装的时候一定要复测一下尺寸。其实很多商家给你的窗帘都比订货时的尺寸要小，但因为没有人复测尺寸，所以都没被发现。这一点，最好在订货的时候就告诉商家，知道你会复测，他就不会短你尺寸了。

在订货合同上还需要注明每副窗帘配有多少挂钩，有些商家为了省事，会尽量少给你用挂钩，让很多用窗帘杆的窗帘显得很奇怪。

卖窗帘的商家一般会上门测量，然后加工好后再上门给你安装。然而这一环节也是最容易上当多花钱的地方。加工窗帘需要用到：布带+挂钩（用于悬挂窗帘到轨道上或窗帘杆）+铅线（用于增加窗帘的坠性）+花边及装饰穗（增加美观）。

我了解到有90%以上的人，买窗帘的时候都是在卖窗帘布的商家处购买这些辅料，并且都没怎么和商家讲价。然而这样的成交价是这些辅料实际的合理售价的2~5倍以上。其实，首先，做窗帘非常非常简单，只要你或者亲戚朋友会用缝纫机蹬直线就可以了，去做窗帘的地方看上十分钟马上就可以回去自己买窗帘布和辅料来做了。辅料在哪儿买呢，一般窗帘城里面你留意一下，都会有专门卖辅料或者是专门做窗帘的地方。这些地方的辅料价格非常便宜，因为他们一般面对的是卖窗帘的商家。

即便你是让商家给你加工，你也可以要求自己提供辅料。当然你也可以先去卖辅料的地方打听好底价，这样在买窗帘的地方也能砍到差不多的价位了。

另外，做窗帘做 1.5 倍的摺儿就完全可以了。一般买窗帘的都让你作 2 倍或者 3 倍的摺。劝说你做 3 倍的摺好看，其实目的是让你多用布，其实做 1.5 倍的摺是完全看不出来哪儿不好看来的。

特别是如果你用的是带花纹的布料，有时候摺少做出来的效果反而更好。

对于布帘里面的纱帘，我简直想不出摺多会有什么好处。

在木工工程时，很多木工会建议你制作窗帘盒，其实是没有必要的。卖窗帘的地方都有窗帘头轨道卖，到时候买了这个轨道再配套定做窗帘头，会比窗帘盒更灵活方便。而且窗帘头基本上都可以用你买的布的边角料做，因为买窗帘都是按布付款，加工是没有费用的，所以搭配窗帘头只需多支出一些辅料钱。

窗帘采用双层轨道搭配漂亮的窗帘头，会比用窗帘杆效果好很多。

如果你经常看一些漂亮的窗帘图片，仔细观察会发现，其实窗帘的样式大部分都是在窗帘头上体现的，而且窗帘头还能很好地掩饰窗帘轨道的一些外观缺陷。所以除了选择漂亮的窗帘布以外，对于窗帘头的样式也要多下工夫。

最后一点提示：窗帘头的样式和布样如果和窗帘的褶子边有一定的呼应，将会有更好的效果。

在卖窗帘的商家口中，似乎所有的房间都需要做一层纱帘一层布帘。这样不但要用很多布料，而且轨道上也会多花钱，可日后你清洗的物件却又会多出一大堆。其实，很多房间我们是不需要双层窗帘的：

- 餐厅：感觉一层纱帘足矣，除非餐厅可能面临特别强烈的日光，那么也只需要选择一层帘。
- 书房：根据日晒程度，一层帘即可。

装修不上当，
省心更省钱

ZHUANG
XIU BU
SHANG
DANG
SHENG
XIN GENG
SHENG
QIAN

什么房间才需要双层窗帘？那就是在这个房间，你有时候需要有些阳光却有不希望太强烈（纱帘），有时候又需要绝对的隐私空间（布料）。

另外，有的商家会建议你做3层窗帘：在你的布帘里面加一层遮光帘。其实现在有很多窗帘布本身就有遮光的效果（还分为100%遮光、80%遮光之类的等级），比丑陋的遮光帘好看多了，而且那种简陋的带涂层的遮光布好多还爱掉银粉。如果你喜欢睡懒觉，在卧室选择这种遮光布做的窗帘是非常不错的。

选择窗帘的时候，还应该考虑和同一空间内的其他布艺产品的搭配问题。比如客厅的窗帘应该和布艺沙发有所呼应，卧室的窗帘也应该和床上用品相搭配。

除了直接选择搭配的窗帘布以外，还可以在做窗帘的地方定制沙发套或者床套。很多窗帘布都是成系列的，选择同系列的布用在同一空间里，有时候会有非常好的效果。

如果在同一家店面购买窗帘及沙发套、床套，有时候价格会非常优惠。根据我的经验，肯定是比在卖沙发的地方定做的沙发套便宜很多，而布料的花色选择却会多很多。

家中很多地方，如果用珠帘修饰一下会非常漂亮。一些比较凌乱的角落，如果挂上一副珠帘还能有效遮挡视线。

珠帘，还是自己DIY比较有意思，也比较漂亮。

一般一些小商品市场都有珠子卖（当然，网上也有销售），个人感觉不用买价格昂贵的水晶珠，买那些光泽好，颜色正的亚克力珠就非常不错了（一般一斤才20块左右）。挑选珠子的时候，其实也不一定用透明色，尝试一些色彩搭配有时候效果会非常好。可以根据珠帘所在空间的色彩来挑选，然后在卖珠子的地方搭配出来看看最终效果。比如我曾经给我的楼梯间搭配了上图这样的一串珠子：我的楼梯有黑色的扶手，壁纸是米色底蓝色图案的，而这串珠子我就选择了相应的色彩。

　　购买珠子的地方，一般也有买做珠帘需要的配件，如鱼线、夹子等。另外购买的时候，最好和店家约定好，用不完的珠子还可以拿去退换。

彰显主人品位的饰品——花瓶、油画、杯子

　　花瓶仿佛是最好安排的饰品，但凡有空白的位置，摆设上合适的花瓶，插上绚丽的花卉，总是一景。但花瓶花卉却又是最不好掌握的，很多人的花瓶摆设显得非常俗气，反而成为空间的败笔。

　　花瓶的摆设首先要和周遭环境相配合，不能突兀。比如这个照片中，无论是壁炉和茶几上的花瓶，还是桌上的花卉花瓶，色彩和造型都和环境极为融合，可能一眼望过去你甚至不会发现它们的存在，但仔细看来，才会发现花瓶点缀出的精致，如右图所示。

　　在客厅、玄关等公共空间，可以选择色彩鲜艳些的花瓶，搭配大束的花朵，展示主人的热情。

　　餐厅的花瓶一般摆放在餐桌中央，不宜用太高大的花瓶，也不宜插太密的花卉，这样会比较遮挡视线。

　　卧室适合摆放温馨的花瓶和花卉，不宜浓烈。

　　在玄关处、沙发后、餐桌上、过道墙面、楼梯墙面等地方，如果能悬挂上油画画作，往往能起到美化的作用，但油画悬挂的时候，应该注意以下几点：

- 一般油画表面会有很厚的涂抹肌理，所以在悬挂的时候，如果能略向下倾斜，便能很好地防止积灰。
- 若非同组的油画，在悬挂时，两幅油画不宜靠得太近。

- 不宜从正前方直接打光到油画画面。侧前上方的光源，能更有利于油画的观赏。

- 较大幅面的油画在悬挂时，要考虑挂画墙面前方的空间距离，如果太近，则往往无法欣赏油画。

花瓶、油画等等，对实用派人群来说，总觉得是无用的饰物，幸好，我们还有杯子。

无论是喝水的还是喝酒的，杯子的造型都丰富多彩。其实，只要选购时巧妙搭配，杯子甚至也能起到像花瓶一样的作用。

无论是餐桌上，茶几上，玻璃柜里，只要摆放上漂亮的杯子——你甚至还可以像实用花瓶一样在里面插上一朵鲜花——都可以起到非常好的装饰效果。当然，最重要的是，需要的时候，你还可以拿这些艺术品来喝水。

健康绿植

后期配饰中给家中添些花卉绿植总能增添生活情趣，而且有的花，不但能增添情趣还对室内环境有非常好的作用：

- 芦荟、吊兰、虎尾兰、一叶兰、龟背竹，天然的清道夫。研究表明，芦荟、虎尾兰和吊兰，吸收室内有害气体甲醛的能力超强。

- 常青铁树、菊花、金橘、石榴、紫茉莉、半支莲、月季、山茶、米兰、雏菊、腊梅、万寿菊，可吸收家中电器、塑料制品等散发的有害气体。

- 玫瑰、桂花、紫罗兰、茉莉、柠檬、蔷薇、石竹、铃兰、紫薇，这些芳香花卉产生的挥发性油类具有显著的杀菌作用。紫薇、茉莉、柠檬等植物，5分钟内就可以杀死原生菌，如白喉菌和痢疾菌等。茉莉、蔷薇、石竹、铃兰、紫罗兰、玫瑰、桂花等植物散发出的香味对结核杆菌、肺炎球菌、葡萄球菌的生长繁殖具有明显的抑制作用。

- 虎皮兰、虎尾兰、龙舌兰以及褐毛掌、矮兰伽蓝菜、条纹伽蓝菜、肥厚景天、栽培凤梨，这些植物能在夜间净化空气。10平方米的室内，若有两盆这类植物，如凤梨，就能吸尽一个人在夜间排出的二氧化碳。

- 仙人掌、令箭荷花、仙人指、量天尺、昙花，这些植物能增加负离子。当室内有电视机或电脑启动的时候，负氧离子会迅速减少。而这些植物的肉质茎上的气孔白天关闭，夜间打开，在吸收二氧化碳的同时，能放出氧气，使室内空气中的负离子浓度增加。

- 兰花、桂花、腊梅、花叶芋、红北桂，其纤毛能吸收空气中的飘浮微粒及烟尘。丁香、茉莉、玫瑰、紫罗兰、田菊、薄荷，这些植物可使人放松，有利于睡眠。

除了这些对室内空气有好处的植物，还有些植物是不适合在室内栽种的。那些过于浓艳刺目、有异味或香味过浓的植物，都不宜在室内放置。如：夹竹桃、黄花夹竹桃、洋金花（曼陀罗花）。这些花草有毒，对人体健康不利。夜来香香味对人的嗅觉有较强的刺激作用，夜晚还会排出大量废气，对人体不利。万年青茎叶含有哑棒酶和草酸钙，触及皮肤会产生奇痒，误食后，还会引起中毒。其他植物，如郁金香，含毒碱；含羞草，经常接触会引起毛发脱落；水仙花，接触花叶和花的汁液，可导致皮肤红肿等，都应在选购时多加小心。

地毯

地毯也是后期配饰中很重要的集装饰性和实用性于一身的重要物品。传统使用地毯，都喜欢把整个房间铺满。这样的效果，在刚刚铺好的时候往往非常好，可使用一段时间后，情况就不是那样了：地毯整个地铺在房间里，无法取下清洗，只能用一些清洗剂或者专业设备来

装修不上当，
省心更省钱
ZHUANG
XIU BU
SHANG
DANG
SHENG
XIN GENG
SHENG
QIAN

清洁，总是不能达到彻底清洁的效果。如果使用的地毯颜色稍微浅点儿，或者是那种长毛的，问题就更突出了。所以，为了获得地毯的装饰性和舒适性，建议大家选择那些一块一块的花样繁多的地毯。这样的地毯，即便是纯毛的，也可以送到专业清洗店去彻底清洁；如果是普通化纤或棉的，洗衣机就可以清洗，非常方便。毕竟，家庭生活，清洁才是第一的，一块脏兮兮的甚至还滋生了细菌的地毯，怎么看都是非常碍眼的。

此外，地毯一般最好用在卧室或客厅的局部，最好是干燥，干净的房间。整体铺设地毯的房间，最好能做到赤脚，以免鞋底把地毯弄脏，而且赤脚也更能享受到地毯的舒适。

贴玻璃膜的技巧

家中有些白玻璃，如果贴上漂亮的玻璃膜就能完美变身。现在很多玻璃膜已经不像以前那样俗里俗气了，一些进口的膜非常漂亮，特别如果是想要打扮出一个漂亮的儿童房的时候，给窗户上贴上这种膜会增色不少。但可能很多人都和我一样，贴玻璃膜时总是搞得皱巴巴的。其实还是有经验可循的，我最近贴了几次就有了些心得：

- 不能一下把背胶纸撕开太多，只能撕开一点儿，最好是从一个角撕开，然后把这个角贴到玻璃上，再慢慢地一点点儿撕开背胶纸，一点点儿地贴到玻璃上。
- 贴之前一定要把玻璃擦干净。这个大家都知道，可最好还要在干净的玻璃上喷点儿清水，这样玻璃膜才不会一下就粘到玻璃上。
- 有时候会产生气泡。以前我都不知道，总是把玻璃膜揭起来再重新贴，结果往往是越弄越糟。其实这个时候只要用针把气泡扎破就可以了。
- 一边贴，一般用大毛刷刷玻璃纸的表面，就很容易贴得服帖了。

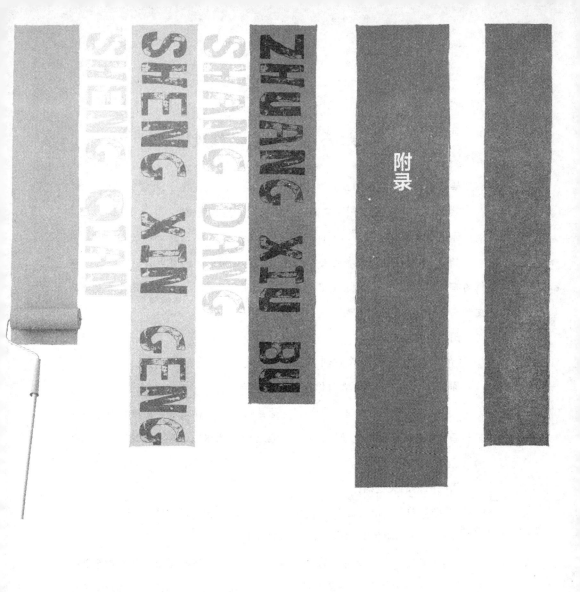

附录

附录一：关于各种装修风格

美式乡村风格的关键词：

"大尺寸"、"不对称"、"慵懒"、"粗糙"、"富有质感"。

你是这个调调的吗？看看你是否有以下特征：

"喜欢牛皮的或者帆布的大大的包"、"喜欢棉麻布的宽大衬衫"、"喜欢舒服的布鞋或拖鞋"、"喜欢把自己陷在沙发里"、"喜欢那些皮绳饰品或者大头的皮带或者一顶粗犷的牛仔帽"。

田园风格的关键词：

"色彩亮丽"、"布艺"、"细节曲线"、"花边"、"花卉植物"、"白色"。

你是这个调调的吗？看看你是否有以下特征：

"喜欢卷卷的头发胜过直发"、"有蕾丝情结"、"喜欢那些用碎花布做的手工艺品，比如可爱的布兔子"、"钟情于花香味的香水"、"那些野花开满山头的油画总能让你心旷神怡"。

简约风格的关键词：

"线条简单"、"品质高"、"平板"、"金属和木质结合"、"陈设少"。

你是这个调调的吗？看看你是否有以下特征：

"喜欢直发"、"喜欢所有的东西都是方方正正、规规矩矩的"、"不希望有太多东西摆放在面上"、"如果没有必要，不喜欢佩戴任何饰品"、"喜欢素色的衣服"。

中式风格的关键词：

"寓意深远的精美雕刻"、"红木之类的上好硬木"、"明清古韵"、"清漆"、"中华文化"。

你是这个调调的吗？看看你是否有以下特征：

"喜欢古玩"、"对易经、风水之类的古文化颇感兴趣"、"中意那些精致的雕刻"、"丝绸制品总能让你感到非常舒服"、"喜欢古诗词"、"喜欢浓重的色彩"。

现代风格的关键词：

"科技感"、"线条简单"、"色彩刺激"、"高光"、"功能感"。

你是这个调调的吗？看看你是否有以下特征：

"喜欢高科技的东西"、"对闪烁着高档光芒的金属制品爱不释手"、"喜欢耀眼的对比色"、"流线型的金属色跑车总能刺激你的心跳"。

欧式古典风格的关键词：

"颜色沉重"、"细节复杂"、"材料精细"、"对称"。

你是这个调调的吗？看看你是否有以下特征：

"喜欢细节繁琐的东西"、"喜欢那些有着复杂图案的纯毛地毯"、"享受高档木质家具那光滑细腻的手感"、"欣赏古代欧洲贵族所穿的那些重重叠叠的服装"。

最后我要介绍的是最有意思的一种风格：混搭——它能满足最贪心的欲望，是我的最爱！

"在超大、超舒服的美式沙发前面摆设一张闪烁着耀眼光泽的超现代咖啡桌，再将从旧货市场淘来的大肚子青花瓷瓶插满鲜花放到沙发旁的欧式边桌上。"——相信和我一样贪心的人不在少数吧。混搭的最高境界不是要展现不同，而是要让这许多不同的东西完美地融合在一起，其真谛就是发现不同风格的事物之间潜在的联系，然后让它们和谐地共处一室。

你是这个调调的吗？这个判断起来很简单，你会不会总是拿不定自己的家需要装成什么风格？你是否同时喜欢田园的温馨，现代的酷炫，古典的深沉……？又或者，你会不会总是在吃饺子的时候，拿不定自己要吃什么馅，最后往往是二两猪肉白菜饺和二两羊肉大葱饺一起下了锅？

附录二：建材信息收集表

建材城名称：　　　　　　　逛街人员：　　　　　　　日期：

商品名称	品牌	型号	喜好程度	标价	砍价结果	店铺位置	店铺电话	销售人员	备注

附录三：装修支出计划预算表

注：表中各项的次序基本上是按照款项发生的正常顺序确定的

序号	项目	建议购买时间	最晚购买时间	需要数量	预算金额	实际花费	备注
1	装修设计费	开工前					
2	防盗门	开工前					最好一开工就能给新房安装好防盗门，而防盗门的定做周期为一周左右
3	水泥、沙子、腻子等	开工前					一开工就能运到工地，商品一般不需要提前预定
4	龙骨、石膏板、水泥板等	开工前					一开工就能运到工地，商品一般不需要提前预定
5	白乳胶、原子灰、砂纸等	开工前					木工和油工都可能需要这些辅料
6	滚刷、毛刷、口罩等工具	开工前					一开工就能运到工地，一般不需要提前预定
7	装修工程首期款	材料入场后					材料入场后交给装修公司装修总工程款的30%
8	热水器、小厨宝	水电改造前					其型号和安装位置会影响到水电改造方案和橱柜设计方案
9	浴缸、淋浴房	水电改造前					其型号和安装位置会影响到水电改造方案
10	中央水处理系统	水电改造前					其型号和安装位置会影响到水电改造方案和橱柜设计方案

续表

序号	项　目	建议购买时间	最晚购买时间	需要数量	预算金额	实际花费	备注
11	水槽、面盆	橱柜设计前					其型号和安装位置会影响到水改方案和橱柜设计方案
12	抽油烟机、灶具	橱柜设计前					其型号和安装位置会影响到电改方案和橱柜设计方案
13	排风扇、浴霸	电改前					其型号和安装位置会影响到电改方案
14	橱柜、浴室柜	开工前					墙体改造完毕就需要商家上门测量，确定设计方案，其方案还可能影响到水电改造方案
15	散热器或地暖系统	开工前					墙体改造完毕就需要商家上门改造供暖管道
16	水路改造相关材料	开工前					墙体改造完毕就需要商家工人开始工作，这之前要确定施工方案和确保所需材料到场
17	电路改造相关材料	开工前					墙体改造完毕就需要商家工人开始工作，这之前要确定施工方案和确保所需材料到场
18	室内门	开工前					墙体改造完毕就需要商家上门测量
19	塑钢门窗	开工前					墙体改造完毕就需要商家上门测量
20	防水材料	瓦工入场前					卫生间先要做好防水工程，防水涂料不需要预定
21	瓷砖、勾缝剂	瓦工入场前					有时候有现货，有时候需要预定，所以先打算好时间
22	石材	瓦工入场前					窗台、地面、过门石、踢脚线都可能用到石材，一般需要提前三四天确定尺寸预定

序号	项　　目	建议购买时间	最晚购买时间	需要数量	预算金额	实际花费	备注
23	地漏	瓦工入场前					瓦工铺贴地砖时安装
24	装修工程中期款	瓦工结束后					瓦工结束，验收合格后交给装修公司装修总工程款的30%
25	吊顶材料	瓦工开始					瓦工铺贴完瓷砖三天左右就可以吊顶，一般吊顶需要提前三四天确定尺寸预定
26	乳胶漆	油工入场前					墙体基层处理完毕就可以刷乳胶漆，一般到超市直接购买
27	衣帽间	木工入场前					衣帽间一般在装修基本完成后安装，但需要1～2周的制作周期
28	大芯板等板材及钉子等	木工入场前					不需要提前预定
29	油漆	油工入场前					不需要提前预定
30	地板	较脏的工程完成后					最好要提前一周订货，以防挑选花色的缺货，安装前两三天预约
31	壁纸	地板安装完成后					进口壁纸需要提前20天左右订货，但为防止缺货，最好提前一个月订货，铺装前两三天预约
32	门锁、门吸、合页等	基本完工后					不需要提前预定

序号	项　目	建议购买时间	最晚购买时间	需要数量	预算金额	实际花费	备注
33	玻璃胶及胶枪	开始全面安装前					很多五金洁具安装时要打一些玻璃胶密封。
34	水龙头、厨卫五金件等	开始全面安装前					一般款式不需要提前预定，如果有特殊要求可能需要提前一周
35	镜子等	开始全面安装前					如定做镜子，需要四五天的制作周期
36	马桶等	开始全面安装前					一般款式不需要提前预定，如果有特殊要求可能需要提前一周
37	灯具	开始全面安装前					一般款式不需要提前预定，如果有特殊要求可能需要提前一周续表
38	开关、面板等	开始全面安装前					一般款式不需要提前预定
39	装修工程后期款	完工后					工程完工，验收合格后支给装修公司装修总工程款的30%
40	升降晾衣架						一般款式不需要提前预定，如果有特殊要求可能需要提前一周
41	地板蜡、石材蜡等	保洁前					可以买好一点的蜡
42	保洁	完工后					需要提前两三天预约好

序号	项 目	建议购买时间	最晚购买时间	需要数量	预算金额	实际花费	备注
43	窗帘	完工前					保洁后就可以安装窗帘了，窗帘需要一周左右的订货周期
44	装修工程尾款	保洁、清场后					最后10%的工程款可以在保洁后支付，也可以和装修公司商量，作为保证金一年后支付
45	家具	完工前					保洁后就可以让商家送货安装了
46	家电	完工前					保洁后就可以让商家送货安装了
47	配饰	完工前					油画、地毯、花等装饰能让居室添色不少
48							
49							
50							
51							
52							
53							
54							

附录四: 工程辅助表格
开工 / 拆改工程

预计开工日期: _____   实际开工日期: _____

预计完工日期: _____   实际完工日期: _____

注意事项:

（在空白处写出
你在本阶段工程
中需要注意的事项）

工程备忘录:

（别忘了记录发生
在你家工地上的重
要事件以及需要完
成的采购任务等）

162

各种设计测量

预计开工日期：_____   实际开工日期：_____

预计完工日期：_____   实际完工日期：_____

注意事项：

（在空白处写出
你在本阶段工程
中需要注意的事项）

工程备忘录：

（别忘了记录发生
在你家工地上的重
要事件以及需要完
成的采购任务等）

水路 / 暖通改造

预计开工日期：_____　　　　　实际开工日期：_____

预计完工日期：_____　　　　　实际完工日期：_____

注意事项：

（在空白处写出
你在本阶段工程
中需要注意的事项）

工程备忘录：

（别忘了记录发生
在你家工地上的重
要事件以及需要完
成的采购任务等）

电路改造

预计开工日期：_____   实际开工日期：_____

预计完工日期：_____   实际完工日期：_____

注意事项：

（在空白处写出
你在本阶段工程
中需要注意的事项）

工程备忘录：

（别忘了记录发生
在你家工地上的重
要事件以及需要完
成的采购任务等）

瓦工工程

预计开工日期：_____ 　　　　　实际开工日期：_____

预计完工日期：_____ 　　　　　实际完工日期：_____

注意事项：

（在空白处写出
你在本阶段工程
中需要注意的事项）

工程备忘录：

（别忘了记录发生
在你家工地上的重
要事件以及需要完
成的采购任务等）

166

木工工程

预计开工日期：_____　　　　实际开工日期：_____
预计完工日期：_____　　　　实际完工日期：_____

注意事项：

（在空白处写出
你在本阶段工程
中需要注意的事项）

工程备忘录：

（别忘了记录发生
在你家工地上的重
要事件以及需要完
成的采购任务等）

油工工程

预计开工日期：＿＿＿＿＿＿　　　　　实际开工日期：＿＿＿＿＿＿

预计完工日期：＿＿＿＿＿＿　　　　　实际完工日期：＿＿＿＿＿＿

注意事项：

（在空白处写出
你在本阶段工程
中需要注意的事项）

工程备忘录：

（别忘了记录发生
在你家工地上的重
要事件以及需要完
成的采购任务等）

各种外购产品安装

预计开工日期：＿＿＿＿＿＿　　　　实际开工日期：＿＿＿＿＿＿

预计完工日期：＿＿＿＿＿＿　　　　实际完工日期：＿＿＿＿＿＿

注意事项：

（在空白处写出
你在本阶段工程
中需要注意的事项）

工程备忘录：

（别忘了记录发生
在你家工地上的重
要事件以及需要完
成的采购任务等）

附录五：住户验房交接表（附简单验房方法）

项目名称：　　　　　　　　　楼门号：

业主姓名：　　　　　　　　　验房时间：

1. 开发商是否出示《住宅使用说明书》、《住宅质量保证书》、《竣工验收备案表》、《建设工程质量认定证书》、《房地产开发建设项目竣工综合验收合格证》？　　　　　　　　　　　　　　　　　　　　是□　否□

2. 是否有《商品房面积测绘技术报告书》、房屋管线图（水、强电、弱电、结构）等文件？　　　　　　　　　　　　　　　是□　否□

3. 是否提供房屋中附带物（比如智能水表、热水器等物品）的使用说明书，以及这些物品的保修单？　　　　　　　　　　　是□　否□

4. 各个房门在开启、关闭的时候是否灵活？　　　　　是□　否□

5. 门与门框的各边之间是否平行？　　　　　　　　　是□　否□

6. 门间隙是否太大？（门和门锁间的缝隙必须小于3毫米。）　是□　否□

7. 将镜子放到门的顶部和底部，检查这些平时看不到的地方是否刷过油漆？（如果卫生间的门的顶部和底部的油漆没有刷全，时间一长，因环境潮湿，卫生间的使用率又高，门的底部会过早腐烂损坏。）　　是□　否□

8. 窗的边框与混凝土的接口是否有缝隙？（窗框属易撞击处，框墙接缝处一定要密实，不能有缝隙。）　　　　　　　　　　是□　否□

9. 各个窗户在开启、关闭的时候是否灵活？　　　　　是□　否□

10. 窗与窗框各边之间是否平行？　　　　　　　　　是□　否□

11. 窗户玻璃是否完好？（双层玻璃里外都擦不干净时应提出拆换玻璃清洁，否则以后不易解决。）　　　　　　　　　　　是□　否□

12. 窗户是否有纱窗？　　　　　　　　　　　　　　是□　否□

13. 门窗的密封是否良好？（可将一张纸条放在密封点上，关门压住纸条用力抽出，在多个点上进行试验，看密封条的压力是否均匀。）　是□　否□

14. 窗台下面有无水渍？（如有则可能是窗户漏水。） 是□ 否□

15. 屋顶上是否有裂缝？（与横梁平行基本无妨，如果裂缝与墙角呈 45°斜角，说明有结构问题。） 是□ 否□

16. 承重墙是否有裂缝？（若有裂缝贯穿整个墙面，表示该房存在隐患。）

是□ 否□

17. 房间与阳台的连接处是否有裂缝？（如有裂缝很有可能是阳台断裂的先兆，要立即通知相关单位。） 是□ 否□

18. 墙面及天花板是否有隆起？用小锤敲击时是否有空声？ 是□ 否□

19. 从侧面看墙上是否留有较大、较粗的颗粒或印迹粗糙？ 是□ 否□

20. 墙面是否有水滴或结雾现象？（冬天房间里的墙面如有水滴，说明墙面的保温层可能有问题。） 是□ 否□

21. 山墙，厨房、卫生间的顶面，外墙是否有水迹？ 是□ 否□

22. 墙身有无特别倾斜、弯曲、起浪、隆起或凹陷的地方？ 是□ 否□

23. 墙面乳胶漆质量是否合格？（周围光线暗时用大功率灯泡照射，灯一亮，斜着看，墙面天花板是否平整、是否有麻点立刻可通过光线阴影看出。）

是□ 否□

24. 天花板是否有雨水渗漏的痕迹或者裂痕？ 是□ 否□

25. 房顶是否倾斜？（用盒尺检查房顶，取 4 ~ 5 个点进行测量，若数值一致，说明房顶没有倾斜。） 是□ 否□

26. 屋顶楼板有无特别弯曲、起浪、隆起或凹陷的地方？ 是□ 否□

27. 卫生间屋顶是否有漆脱落或长霉菌？ 是□ 否□

28. 地面有无空壳开裂情况？（用小锤敲，是咚咚声就说明是空心的，要返工，是梆梆声才好。） 是□ 否□

29. 地板有无松动、爆裂、撞凹？ 是□ 否□

30. 木地板踩上去是否有明显不正常的"吱吱"声？ 是□ 否□

31. 地板间隙是否太大？ 是□ 否□

32. 柚木地板有无大片黑色水渍？ 是□ 否□

33. 地脚线接口是否妥当？有无松动？ 是□ 否□

34. 用鞋在地上滑，是否能明显感觉到地砖接缝处不平？ 是□ 否□

35. 厨房烟道和卫生间通风道是否通畅？（用纸卷点火后灭火冒烟，放在烟道口下方 10cm 左右处，看烟是否上升到烟道口后立即拐弯被吸走。）　是□　否□

36. 用手电查看烟道、通风口中是否存有建筑垃圾。　是□　否□

37. 管道煤气报警装置是否灵敏？（将冒烟的纸卷放到报警装置附近。）

　是□　否□

38. 管道煤气报警装置发生警报时，是否能顺利关闭进气电磁阀？（如果不能，应及时修复。）　是□　否□

39. 座便下水是否顺畅？（往这些下水口冲水，观察流速，以确定是否被建筑垃圾堵塞。）　是□　否□

40. 卫生间是否能有效防水？（用塑料袋装上沙子，系上绳子，堵住卫生间的各下水口，然后往卫生间注入不低于 2cm 的水，24 小时之后与楼下邻居联络，观察有无漏水现象。）　是□　否□

41. 浴缸、抽水马桶、洗脸池等是否有渗漏现象？（裂痕有时细如毛发，要仔细观察。）　是□　否□

42. 水口内是否留有较多的建筑垃圾？　是□　否□

43. 水池龙头是否妥当，下水是否顺畅？　是□　否□

44. 淋浴花洒安装是否过低？　是□　否□

45. 电、水、煤气表具是否齐全？　是□　否□

46. 电、水、煤气表具是否空转？　是□　否□

47. 电表当前数字：_____ 水表当前数字：_____ 煤气表当前数字：_____

48. 是否有地漏？坡度是否向地漏倾斜？　是□　否□

49. 屋内瓷砖、马赛克有无疏松脱落及凹凸不平现象？（砖块不能有裂痕，不能空鼓，必须砌实。）　是□　否□

50. 厨具、瓷砖及下水管上有无粘上的水泥尚未清洗？　是□　否□

51. 楼上的邻居家是否往你家漏水？（若漏水的话，你家的日子一定不好过。）　是□　否□

52. 水池等是否有渗漏现象？　是□　否□

53. 厨柜、衣柜等柜身有无变形，柜门是否牢固周正，门能否顺利开合？

　是□　否□

54. 上下管是否渗漏？（打开水龙头，查看各条管道。）　　是□　否□

55. 是否有足够的水压？（打开水龙头，尽可能让水流大一点，然后查水表。）　　是□　否□

56. 自来水水质是否符合标准？（注意区分市政水和小区自供水。）

是□　否□

57. 供水管的材质是否合格？（目前大部分供水管采用 PPR，可安全使用。）　　是□　否□

58. 电闸机电表在户外的，拉闸后户内是否完全断电？（主要是查看电闸能否控制各个电源。）　　是□　否□

59. 户内有开关箱的，开关箱内的各分路开关是否有正确、明显的标示？（分别开关各闸门后，观察各分支线路是否被正确控制。）　　是□　否□

60. 开关箱内的开关安装得是否牢固？（每个开关都要用力左右摇晃检查，如果发现松动，应紧固或更换。否则日后使用中出现因接触不良而打火的现象时，会造成更大的危险。）　　是□　否□

61. 所有灯口是否都能亮？所有插座是否都有电？（使用灯泡和即插型小电器检验。）　　是□　否□

62. 各个开关面板、插座是否牢固？（别忘打开电话、电视的线路接口，用力拉一拉，看是否虚设。）　　是□　否□

63. 可视对讲机、紧急呼叫按钮是否能正常工作？　　是□　否□

64. 入户门的门铃是否不响或响了不停？（带上合适的电池测试门铃，一般为 5 号电池。）　　是□　否□

65. 入户门上的猫眼是否松动、不清晰、视野不全或因有异物无法看清楚？　　是□　否□

66. 是否市政供电？（临时电要比市政供电价格高，而且还没有保障。）

是□　否□

67. 燃气是否已经开通？　　是□　否□

68. 核对买卖合同上注明的设施、设备等是否有遗漏，品牌、数量是否符合。　　是□　否□

本表一式两份，开发商和业主各存一份。

开发商代表签字：　　　　　　　　业主签字：

开发商签章：

　　　　日期：　　　　　　　　　日期：

附录六：

北京市家庭居室装饰装修工程施工合同

（2003 版）

发包方（甲方）：＿＿＿＿＿＿

承包方（乙方）：＿＿＿＿＿＿

合 同 编 号：＿＿＿＿＿＿

北京市工商行政管理局
二〇〇四年三月修订

使用说明

1. 本市行政区域内的家庭居室装饰装修工程适用此合同文本。此版合同文本适用期至新版合同文本发布时止。

2. 工程承包方（乙方），应当具备工商行政管理部门核发的营业执照，和建设行政主管部门核发的建筑业企业资质证书。

3. 甲、乙双方当事人直接签订此合同的，应当一式两份，合同双方各执一份；凡在本市各市场内签订此合同的，应当一式三份（甲、乙双方及市场主办单位各执一份）。

4. 开工：双方通过设计方案、首期工程款到位、工程技术交底等前期工作完成后，材料、施工人员到达施工现场开始运作视为开工。

5. 竣工：合同约定的工程内容（含室内空气质量检测）全部完成，经承包方、监理单位、发包方验收合格视为竣工。

6. 验收合格：承包方、监理单位、发包方在《工程竣工验收单》上签字盖章或虽未办理验收手续但发包方已入住使用的，均视为验收合格。

7. 工期顺延：是指非因乙方的责任导致工程进度受到影响后，工程期限予以相应延展。在工期顺延的情况下，乙方不承担违约责任。

粘贴印花税票处

北京市家庭居室装饰装修工程施工合同协议条款

发包方（以下简称甲方）：＿＿＿＿＿＿＿＿＿＿＿＿＿＿

委托代理人（姓名）：＿＿＿＿＿＿ 民族：＿＿＿＿＿＿＿＿

住所：＿＿＿＿＿＿＿＿＿＿ 身份证号：＿＿＿＿＿＿＿＿＿

联系电话：＿＿＿＿＿＿＿＿ 手机号：＿＿＿＿＿＿＿＿＿

承包方（以下简称乙方）：＿＿＿＿＿＿＿＿＿＿＿＿＿＿

营业执照号：＿＿＿＿＿＿＿＿＿＿＿＿＿＿＿＿＿＿＿＿

住所：＿＿＿＿＿＿＿＿＿＿＿＿＿＿＿＿＿＿＿＿＿＿＿

法定代表人：＿＿＿＿＿＿＿＿ 联系电话：＿＿＿＿＿＿＿

委托代理人：＿＿＿＿＿＿＿＿ 联系电话：＿＿＿＿＿＿＿

建筑资质等级证书号：＿＿＿＿＿＿＿＿＿＿＿＿＿＿＿＿＿

本工程设计人：＿＿＿＿＿＿＿＿ 联系电话：＿＿＿＿＿＿＿

施工队负责人：＿＿＿＿＿＿＿＿ 联系电话：＿＿＿＿＿＿＿

依照《中华人民共和国合同法》及其他有关法律、法规的规定，结合本市家庭居室装饰装修的特点，甲、乙双方在平等、自愿、协商一致的基础上，就乙方承包甲方的家庭居室装饰装修工程（以下简称工程）的有关事宜，达成如下协议：

第一条 工程概况

1.1 工程地点：＿＿＿＿＿＿＿＿＿＿＿＿＿＿＿＿＿＿＿＿

1.2 工程装饰装修面积：＿＿＿＿＿＿＿＿＿＿＿＿＿＿＿＿＿

1.3 工程户型：＿＿＿＿＿＿＿＿＿＿＿＿＿＿＿＿＿＿＿＿＿

1.4 工程内容及做法（见报价单和图纸）；

1.5 工程承包，采取下列第＿＿＿＿种方式：

（1）乙方包工、包全部材料（见附表三）。

（2）乙方包工、包部分材料，甲方提供其余部分材料（见附表二、三）。

1.6 工程期限＿＿＿＿＿日（以实际工作日计算）；

开工日期_____年____月____日；

竣工日期_____年____月____日。

1.7 工程款和报价单

（1）工程款：本合同工程造价为（人民币）_____

金额大写：_____

（2）报价单应当以《北京市家庭装饰工程参考价格》为参考依据，根据市场经济运作规则，本着优质优价的原则由双方约定，作为本合同的附件。

（3）报价单应当与材料质量标准、制安工艺配套编制共同作为确定工程价款的根据。

第二条 工程监理

若本工程实行工程监理，甲方应当与具有经建设行政主管部门核批的工程监理公司另行签订《工程监理合同》，并将监理工程师的姓名、单位、联系方式及监理工程师的职责等通知乙方。

第三条 施工图纸和室内环境污染控制预评价计算书

3.1 施工图纸采取下列第____种方式提供：

（1）甲方自行设计的，需提供施工图纸和室内环境污染控制预评价计算书一式三份，甲方执一份，乙方执二份。

（2）甲方委托乙方设计的，乙方需提供施工图纸和室内环境污染控制预评价计算书一式三份，甲方执一份，乙方执二份。

3.2 双方提供的施工图纸和室内环境污染控制预评价计算书必须符合《民用建筑工程室内环境污染控制规范》（GB50325-2001）的要求。

3.3 双方应当对施工图纸和室内环境污染控制预评价计算书予以签收确认。

3.4 双方不得将对方提供的施工图纸、设计方案等资料擅自复制或转让给第三方，也不得用于本合同以外的项目。

第四条 甲方工作

4.1 开工三日前要为乙方入场施工创造条件，以不影响施工为原则。

4.2 无偿提供施工期间的水源、电源和冬季供暖。

4.3 负责办理物业管理部门开工手续和应当由业主支付的有关费用。

4.4 遵守物业管理部门的各项规章制度。

4.5 负责协调乙方施工人员与邻里之间的关系。

4.6 不得有下列行为：

（1）随意改动房屋主体和承重结构。

（2）在外墙上开窗、门或扩大原有门窗尺寸，拆除连接阳台门窗的墙体。

（3）在室内铺贴一厘米以上石材、砌筑墙体、增加楼地面荷载。

（4）破坏厨房、厕所地面防水层和拆改热、暖、燃气等管道设施。

（5）强令乙方违章作业施工的其他行为。

4.7 凡必须涉及 4.6 款所列内容的，甲方应当向房屋管理部门提出申请，由原设计单位或者具有相应资质等级的设计单位对改动方案的安全使用性进行审定并出具书面证明，再由房屋管理部门批准。

4.8 施工期间甲方仍需部分使用该居室的，甲方应当负责配合乙方做好保卫及消防工作。

4.9 参与工程质量施工进度的监督，参加工程材料验收、隐蔽工程验收、竣工验收。

第五条 乙方工作

5.1 施工中严格执行施工规范、质量标准、安全操作规程、防火规定，安全、保质、按期完成本合同约定的工程内容。

5.2 严格执行市建设行政主管部门施工现场管理规定：

（1）无房屋管理部门审批手续和加固图纸，不得拆改工程内的建筑主体和承重结构，不得加大楼地面荷载，不得改动室内原有热、暖、燃气等管道设施。

（2）不得扰民及污染环境，每日十二时至十四时、十八时至次日八时之间不得从事敲、凿、刨、钻等产生噪声的装饰装修活动。

（3）因进行装饰装修施工造成相邻居民住房的管道堵塞、渗漏、停水、停电等，由乙方承担修理和损失赔偿的责任。

（4）负责工程成品、设备和居室留存家具陈设的保护。

（5）保证居室内上、下水管道畅通和卫生间的清洁。

（6）保证施工现场的整洁，每日完工后清扫施工现场。

5.3 通过告知网址、统一公示等方式为甲方提供本合同签订及履行过程中涉及的各种标准、规范、计算书、参考价格等书面资料的查阅条件。

5.4 甲方为少数民族的，乙方在施工过程中应当尊重其民族风俗习惯。

第六条　工程变更

在施工期间对合同约定的工程内容如需变更，双方应当协商一致。由合同双方共同签订书面变更协议，同时调整相关工程费及工期。工程变更协议，作为竣工结算和顺延工期的根据。

第七条　材料供应

7.1 按由乙方编制的本合同家装《工程材料、设备明细表》所约定的供料方式和内容进行提供。

（1）应当由甲方提供的材料、设备，甲方在材料、设备到施工现场前通知乙方。双方就材料、设备的质量、环保标准共同验收并办理交接手续。

（2）应当由乙方提供的材料、设备，乙方在材料、设备到施工现场前通知甲方。双方就材料、设备的质量、环保标准共同验收，由甲方确认备案。

（3）双方所提供的建筑装饰装修材料，必须符合国家质量监督检验检疫总局发布的《室内装饰装修有害物质限量标准》，并具有由有关行政主管部门认可的专业检测机构出具的检测合格报告。

（4）如一方对对方提供的材料持有异议需要进行复检的，检测费用由其先行垫付；材料经检测确实不合格的，检测费用则最终由对方承担。

（5）甲方所提供的材料、设备经乙方验收、确认办理完交接手续后，在施工使用中的保管和质量控制责任均由乙方承担。

第八条　工期延误

8.1 对以下原因造成竣工的日期延误，经甲方确认，工期应当顺延：

（1）工程量变化或设计变更；

（2）不可抗力；

（3）甲方同意工期顺延的其他情况。

8.2 对以下原因造成竣工的日期延误，工期应当顺延：

（1）甲方未按合同约定完成其应当负责的工作而影响工期的；

（2）甲方未按合同约定支付工程款影响正常施工的；

（3）因甲方责任造成工期延误的其他情况。

8.3 因乙方责任不能按期完工的，工期不顺延；因乙方原因造成工程质量存在问题的返工费用由乙方承担，工期不顺延。

8.4 判断造成工期延误以"双方认定的文字协议"为确定双方责任的依据。

第九条　质量标准

9.1 装修室内环境污染控制方面，应当严格按照《民用建筑工程室内环境污染控制规范》（GB50325-2001）的标准执行。

9.2 本工程施工质量按下列第____项标准执行：

（1）《北京市家庭居室装饰工程质量验收标准》（DBJ/T01-43-2003）。

（2）《北京市高级建筑装饰工程质量验收标准》（DBJ/T01-27-2003）。

9.3 在竣工验收时双方对工程质量、室内空气质量发生争议时，应当申请由相关行政主管部门认可的专业检测机构予以认证；认证过程支出的相关费用由申请方垫付，并最终由责任方承担。

第十条　工程验收

10.1 在施工过程中分下列阶段对工程质量进行联合验收：

（1）材料验收；

（2）隐蔽工程验收；

（3）竣工验收。

10.2 工程完工后，乙方应通知甲方验收，甲方自接到竣工验收通知单后三日内组织验收。验收合格后，双方办理移交手续，结清尾款，签署保修单，乙方应向甲方提交其施工部分的水电改造图。

10.3 双方进行竣工验收前，乙方负责保护工程成品和工程现场的全部安全。

10.4 双方未办理验收手续，甲方不得入住，如甲方擅自入住视同验收合格，由此而造成的损失由甲方承担。

10.5 竣工验收在工程质量、室内空气质量及经济方面存在个别的不涉及较大问题时经双方协商一致签订"解决竣工验收遗留问题协议"（作为竣工验收单附件）后亦可先行入住。

10.6 本工程自验收合格双方签字之日起，在正常使用条件下室内装饰装修工程保修期限为二年，有防水要求的厨房、卫生间防渗漏工程保修期限为五年。

第十一条　工程款支付方式

11.1 合同签字生效后，甲方按下列表中的约定向乙方支付工程款：

支付次数	支付时间	工程款支付比率	应支付金额
第一次	开工三日前	55%	
第二次	工程进度过半	40%	
第三次	竣工验收合格	5%	

11.2 工程进度过半，指工程中水、电管线全部铺设完成，墙面、顶面基层按工序要求全部完成，门、窗及细木白茬制品基本制安完成为界定工程过半的标准。

11.3 工程验收合格后，甲方对乙方提交的工程结算单进行审核。自提交之日起二日内如未有异议，即视为甲方同意支付乙方工程尾款。

11.4 工程款全部结清后，乙方向甲方开具正式统一发票为工程款结算凭证。

第十二条 违约责任

12.1 一方当事人未按约定履行合同义务给对方造成损失的，应当承担赔偿责任；因违反有关法律规定受到处罚的，最终责任由责任方承担。

12.2 一方当事人无法继续履行合同的，应当及时通知另一方，并由责任方承担因合同解除而造成的损失。

12.3 甲方无正当理由未按合同约定期限支付第二、三次工程款，每延误一日，应当向乙方支付迟延部分工程款 2‰ 的违约金。

12.4 由于乙方责任延误工期的，每延误一日，乙方支付给甲方本合同工程造价金额 2‰ 的违约金。

12.5 由于乙方责任导致工程质量和室内空气质量不合格，乙方按下列约定进行返工修理、综合治理和赔付：

（1）对工程质量不合格的部位，乙方必须进行彻底返工修理。因返工造成工程的延期交付视同工程延误，按 12.4 的标准支付违约金。

（2）对室内空气质量不合格，乙方必须进行综合治理。因治理造成工程的延期交付视同工程延误，按 12.4 的标准支付违约金。

（3）室内空气质量经治理仍不达标且确属乙方责任的，乙方应当向甲方返还工程款在扣除乙方提供的与不达标无关的材料的成本价后的剩余部分；甲方对不达标也负有责任的，乙方可相应减少返还比例。

第十三条　争议解决方式

本合同项下发生的争议，双方应当协商或向市场主办单位、消费者协会等申请调解解决，协商或调解解决不成时，向人民法院起诉，或按照另行达成的仲裁条款或仲裁协议申请仲裁。

第十四条　附则

14.1 本合同经甲乙双方签字（盖章）后生效。

14.2 本合同签订后工程不得转包。

14.3 双方可以书面形式对本合同进行变更或补充，但变更或补充减轻或免除本合同规定应当由乙方承担的责任的，仍应以本合同为准。

14.4 因不可归责于双方的原因影响了合同履行或造成损失的，双方应当本着公平原则协商解决。

14.5 乙方撤离市场的，由市场主办单位先行承担赔偿责任；主办单位承担责任之后，有权向乙方追偿。

14.6 本合同履行完毕后自动终止。

第十五条　其他约定事项_____

_____

甲方（签字）：　　　　　　　乙方（盖章）：

　　　　　　　　　　　　　　法定代表人：

　　　　　　　　　　　　　　委托代理人：

　　　年　月　日　　　　　　　　年　月　日

市场主办单位（盖章）：

法定代表人：

委托代理人：

联系电话：

　　　年　月　日

工程报价单

序号	项目	单位	单价	数量	合计金额	工艺做法、用料说明

甲方代表（签字盖章）：　　　　　　　　　　乙方代表（签字盖章）：

备注：此表用量较多，企业可复印作为合同附件。

甲方供给工程材料、设备明细表

序号	材料名称	单位	品种	规格	数量	供应时间	供应验收地点

甲方代表（签字盖章）：　　　　　　　　　乙方代表（签字盖章）：

备注：所供给的材料、设备须有经行政管理部门批准的专业检验单位提供的检测合格报告。

附表三

乙方供给工程材料、设备明细表

序号	材料名称	单位	品种	规格	数量	供应时间	供应验收地点

甲方代表（签字盖章）：　　　　　　　　　乙方代表（签字盖章）：

备注：所供给的材料、设备须有经行政管理部门批准的专业检验单位提供的检测合格报告。

工程竣工验收单

验收时间： 年 月 日

工程名称：			
工程地点：			
竣工验收意见	甲方		签字（盖章）：
	监理单位		签字（盖章）：
	乙方		签字（盖章）：

备注：竣工验收中，尚有不影响整体工程质量的问题，经双方协商一致可以入住，但必须签订竣工后遗留问题协议作为入住后解决遗留问题的依据。

家装工程保修单

甲方			
甲方代理人		联系电话	
乙方			
法定代表人		联系电话	
家装工程地址			
开工日期		竣工日期	
保修期限	自　　年　　月　　日到　　年　　月　　日		

甲方代表（签字盖章）：　　　　　　　　　　　　　　乙方代表（签字盖章）：

备注：

1. 自竣工验收之日起，计算装饰装修保修期为两年，有防水要求的厨房、卫生间防渗漏工程保修期为五年。

2. 保修期内因乙方施工、用料不当的原因造成的装饰装修质量问题，乙方须及时无条件进行维修。

3. 保修期内因甲方使用、维护不当造成饰面损坏或不能正常使用，乙方酌情收费维修。

4. 本保修单在甲、乙双方签字盖章后生效。

附录七：装修合同附加条款

1. 施工方须自觉按合同约定进料，对该工地材料质量、施工质量把关；业主提供的材料，施工方应检验后方可使用（施工方不能以业主提供的材料有质量问题为由推托施工质量问题）。

2. 施工方须在下列关键工序完成后提前 48 小时通知业主进行验收，验收合格后方可进行下一道工序施工：① 材料进场；② 隐蔽工程；③ 水路、电路改造；④ 防水工程及蔽水实验；⑤ 细木工衬底工程；⑥ 面板、木线、实木收口；⑦ 底漆、面漆；⑧ 墙、顶面基础处理；⑨ 吊顶工程龙骨面板；⑩ 各部位板块铺贴；⑪ 工程中期验收；⑫ 工程总体竣工验收。若以上分项工程未经验收，施工单位擅自进行下一道工序施工，由此造成的工料损失由施工方负责。

3. 施工方所供各种板材、龙骨、水电材料、油漆、水泥、胶类、涂料、腻子粉、石膏线等必须与施工合同中约定的材质相符并在进场时通知业主进行核实，同时提供相关厂商发货凭证（建材超市或材料生产厂家办事处）、销售许可证、产品合格证书及环保证明材料等。

4. 特殊工种如电工、水暖工须持相关上岗证书并经业主查验后方可上岗施工。

5. 项目变更须有文字约定，详细注明变更数量及价格并经业主签字认可方可作为结算依据。

6. 施工方所购材料须符合国家环保标准，否则工程结束后若环保检测超标，施工方须承担全部责任。

7. 禁止非本工地施工人员在现场进餐和私自留宿，由此造成的治安问题由施工方承担全部责任。

8. 工程中非业主意愿增加项目、属设计计算失误或有意漏项的不增加工程款，工程预算报价和竣工结算报价误差不得超过 10%；业主需增加项目的价格参照合同单项报价执行。

9. 施工期间业主发现施工人员不能胜任本项装饰工作时有权要求施工方更换施工人员。

附录八：诗玫的橱柜设计经验汇总

橱柜设计——洗碗那点儿事

每次做完饭，享受完毕，洗碗其实也是件浩大的工程。如何让洗碗变得更加方便顺手呢？在设计橱柜时，你可以注意以下几点。

- 为了能顺利地把一些较大的锅具放进水槽里清洗，最好选择高一些的龙头，并且龙头出水应该是防溅的。
- 可抽拉的龙头可以让你方便地清洗那些远离出水嘴的部位。
- 在水槽上方的吊柜里面安装一套沥水篮五金件，你可以方便地把洗完的碗直接放进去沥水。
- 水槽上方的墙面安装一些带挂钩的杆架，可以把洗碗用的刷子、洗碗布等工具挂在上面，取用都方便。
- 若洗碗的位置背光，可以在水槽上方安装柜底灯，这样会方便很多。

橱柜设计——拐角怎么用

橱柜的拐角处往往是内部空间最大的一组柜体，必须好好设计，否则使用起来会很困难。

- 给拐角处的地柜或者吊柜设计"联动门"，关闭的时候这两扇门形成90度角，打开的时候会一起打开。这样，打开的时候整个拐角部分都可以展现出来，使用起来非常方便，如右图所示。
- 给拐角处配置一些特殊的五金拉篮，比如小怪物拉篮、转角拉篮、转桶等，这样能方便地使用正常情况下够不着的空间。

- 制作一个异形柜放置在拐角处，这样能让拐角柜变成口小里大的普通柜子，使用起来非常方便，而且拐角处的台面的操作空间也变大了，如右上图所示。

- 如果拐角位于岛台，可把拐角处设计为如右下图所示可双面使用的柜体，这样所有空间都可充分利用了。

橱柜设计——几处提醒

- 灶具最好不要设计在最靠墙的那组橱柜上，否则使用上会有很多不便。

- 灶具和水槽之间一定要留有距离，因为这两处都是常放重东西的地方，靠得太近的话日后台面很容易变形，而且两者之间有台面，清洗过的菜正好放置其上，炒的时候方便取用。

- 给微波炉等电器留孔位的时候，不要和现在用的尺寸严丝合缝，万一以后需要更新换代，可能会放不进去。

- 最边上的一组橱柜一定要考虑开门方的向和拉手的安装。很多时候安装完毕后开门时拉手都会打到墙或其他柜子，不但门无法完全打开，而且长期磕碰也容易损伤。

- 上翻门不要设计太多，一般上翻门都是上下两扇一组，可像我这样身高160cm的女子想要使用上层的上翻门真的是很有难度的。

橱柜设计——嵌入式电器的电源预留

橱柜中往往会安装一些嵌入式电器，比如消毒柜、烤箱、洗碗机等等。一般人会把电器的电源就留在嵌入的这个柜体的后面，安装时直接插上，以后就只能靠电器前面的开关来控制了。

ZHUANG
XIU BU
SHANG DANG
SHENG
XIN GENG
SHENG
QIAN

装修不上当·
省心更省钱

其实最好还是把电源插座留到和嵌入电器相邻的柜体里面，在两个柜体间的隔板上打个洞，把电源线穿过去，这样以后使用起来方便很多，而且电源也不用老插着。

另外，像烤箱这样发热量大的电器，在安装时，最好在所在柜体的内部板上垫上石棉等隔热材料，而且此柜体一定要留好散热的地方，如果是安装在岛台上，那么此柜体的背面最好做成可以打开的，这样在使用时可以把整个背面打开散热。

橱柜设计——我家需要垃圾处理器吗

垃圾处理器是这几年的舶来品，能把厨余垃圾通过安装在水槽下面的一个研磨设备打碎了从下水道里冲走，可以避免食物垃圾存在家里产生气味及细菌引来蚊虫等。

但自己家是否需要这个设备呢？我觉得主要是看自己厨房的格局和楼内的垃圾存放设计。

如果所住公寓楼每层都有垃圾房，那么似乎没有必要安装垃圾处理器，厨余垃圾产生后可以立即放到垃圾房。

如果厨房外有小阳台，垃圾桶可以放于室外，每天的垃圾暂时不会对室内产生影响，然后出门时把垃圾带到垃圾存放点，这样的情况也不是非常有必要安装垃圾处理器。

如果厨余垃圾只能存放于厨房中，而小区的垃圾存放点又不能让你很方便地一有垃圾就出去扔，这样的情况可以考虑使用垃圾处理器。毕竟在夏天，食物垃圾在家过夜是非常不卫生的。

橱柜设计——橱柜台面选择

下面分析一下目前市面上常见的橱柜台面的分类及特点。

天然石材台面：优点是皮实，从某种角度上讲其天然的纹理更好看，便宜。从使用上说，用花岗岩台面，我切西瓜可以不用菜板，拿着很烫的锅可以直接往台面上放。

缺点是接缝处理很难，很难做造型，渗油（用久了粘手，这个挺可怕的）。目前接缝大部分是用玻璃胶，而玻璃胶的不稳定性会导致一些弊端（比如发霉）。

纯亚克力人造石台面：亚克力含量超过 40% 的人造石台面称为纯亚克力台面，好的产品可以做到绝对防渗，无缝拼接，任意造型，韧度非常好，基本上不会发生断裂等损坏现象，

缺点是不能承受太高的温度（炒菜的油锅不能直接放在上面，盛热汤的碗是不怕的），不能用尖锐的东西去划它（但这点其实无所谓的，谁用这么好的东西还故意去划它？只不过切任何东西都得垫菜板）。另外，虽然有很多攻略介绍怎么识别纯亚克力人造石台面，但事实是肉眼是很难辨别的，加上这种产品价格昂贵，最保险的方法还是认准品牌购买。

复合亚克力人造石：在矿粉、铝粉、钙粉等化学原料中加入微量的亚克力制成，品质良莠不齐。好的品牌厂家的产品还是不错的，和纯亚克力台面性质类似，只是很多特性没有那么优良了。比如，一般很难防渗，韧度也差些，所以使用这种台面一般需要在其下加垫衬增大强度，防止断裂。

人造石英石台面：这种材料是人造石里面最像天然石的，不怕划不怕高温，而且好的石英石还抗渗。它最大的缺点是无法无缝拼接，也是用胶接缝，但由于一般有专业厂家提供服务，所以拼接效果会比天然石好很多。不过好东西都是不便宜的，好的石英石台面的价格也不低。

影响橱柜设计的三大件

水槽、抽油烟机和灶具的形状、尺寸会影响到橱柜的设计，所以在设计橱柜前都得确定好具体要购买的型号。

抽油烟机怎么选

抽油烟机的选购，我想排第一的还是品牌。和别的家电一样，好的品牌所代表的好的产品和服务，在家电行业还是非常明显的。但咱们没必要非得追求那些最贵的品牌，只要是比较知名的品牌，在抽油烟机这个比较成熟的产品上，提供的东西都不会差太远。

现在抽油烟机有很多不同的种类，可能这两年比较异军突起的是侧吸式烟机。可惜的是由于是新产品，这个产品的厂家都为不知名企业。但侧吸式烟机的优势的确明显，如果家里经常炒油烟比较大的菜，侧吸式烟机的确是非常好的选择，只是有选择非知名企业所要冒的风险。特别是后来虽有大品牌跟进生

产、销售这种产品，但据说由于专利权的问题，侧吸式烟机做得好的还是最初生产的那一两家企业，特别在油烟分离及过滤板的拆洗方面。鉴于侧吸式烟机超强吸烟的优势，我个人感觉冒点儿风险买个小品牌还是值得的。

当然，如果你家不需要经常制作那么大油烟的菜肴，其他抽油烟机一样是可以满足你的要求的。

- 欧式平板烟机：由于拢烟罩最小，吸烟效果也最平常，这种适合追求外表美观的不怎么做菜的家庭。
- 普通欧式烟机和中式深罩式烟机：中式烟机吸烟效果较好，而普通欧式烟机虽然吸烟效果略差，但外观更漂亮，是目前市面上销售的主流产品，你可根据家里的实际情况选择。

无论选择哪种抽油烟机，是否易于清理都是最重要的，所以要选择造型流畅、无死角、不会积油污的，而且要观察油烟分离的设计如何。

灶具怎么选

选购灶具时，安全和低能耗是首要考虑。电磁灶虽然方便，但由于我们国家现在天然气的费用普遍较低（一般来说，用电烧开 1 壶水的费用可以用燃气烧开 3.5 壶水），所以如果有条件还是选择燃气灶具比较理想。

燃气灶一般应选择大厂家的产品，其质量和安全都是有保障的，那些连熄火保护都没有的产品一般都产于杂牌企业。

目前选择燃气灶具时只能根据厂家提供的一些技术说明来判断其能耗效率，不过很快燃气灶的能效标准也将实施，到时候买燃气灶也可以像买冰箱和空调一样看能效标准就可以了。

此外，选购燃气灶还要关注易清理性，应选择无死角的面板造型。在材质方面，除了不锈钢材质的以外，最近几年新出的陶瓷面板，耐高温、耐划、易清洁，应该也是不错的选择。

燃气灶的炉头和炉架一般可以取下，选购的时候可以把这些部位取下掂一下，较沉的一般品质会比较好。

水槽选择绝技

选水槽当然是选择不锈钢材质的比较好（当然现在市面上也有陶瓷水槽，

但我个人认为只是更好看，其性能还是不如好的不锈钢水槽）。而同样是不锈钢，还有 201、202、304 等不同标号之分，不同标号的不锈钢，性能和价格差别也大，怎么才能区分出来呢？以前咱们总是用磁铁来分辨，可现在由于不锈钢的种类越来越多，用磁铁已经无法区分了，最好的方法是使用一种叫"不锈钢测定液"的药水，一滴就能分辨出来。这种药水一般收废品的人都有，淘宝等网站也都有卖的（10 元左右一瓶）。

304 不锈钢是水槽最好的选择，当然价格也贵很多，其实 201 和 202 水槽也并不是不能用，只是用旧了表面就不会像 304 那样永远光洁如新。

同样型号的不锈钢水槽，是越厚越好，可以按压水槽的底部来辨别水槽厚度。

不锈钢水槽的表面处理最好选择拉丝效果的，不要选择那些喷砂啊珍珠光之类的表面，那些表面很多是经过化学电解处理的，有可能含有有害物质。

还应该关注水槽下面是否有用于降低噪声的橡胶皮，要选择不容易脱落的橡胶皮。

水槽的去水装置也非常关键，要注意关闭的时候是否严密，提取时是否舒服。组合下水器也要选择壁厚质量好，容易拆卸和组装的。

水槽之单槽、双槽

水槽买单槽还是双槽，是很多人十分犹豫的问题，其实这个问题解决起来并不难。

首先，对于水槽的第一要求是，大锅大盆能方便地放进水槽里清洗。在这个前提之下，如果你家橱柜比较小，能放水槽的位置也比较小，那么你都不用考虑别的了，直接就选单槽了。如果你家水槽位置大，放个双槽也能方便地在其中的大盆里放下大件清洗的，那你可以继续往下看。

接下来，是考虑你的清洗习惯。洗涤蔬菜时，你是喜欢将其直接泡在水槽里，还是喜欢将其泡在其他的盆里然后放在水槽里清洗？如果你喜欢前者，我建议你买双槽，因为用单槽每次都得用那么大一槽水，不环保。如果你喜欢后者，那么肯定选单槽比较抡得开。

另外，选用双槽的话一般可以用一个槽洗油腻的东西，一个槽洗清爽的东西。

最后，用单槽时由于操作空间大，一般溅到外面的水会少一些。

特点就这些了，你看看自己的习惯，应该很容易选择了吧？

附录九: 史上最强最全的装修水电路改造设计备忘录

水路改造相关

● 淋浴龙头现在很多业主都喜欢那种带根杆的大顶喷头，如果选择这种淋浴柱就要特别留意，这种龙头的冷热水管离地面的高度比一般的淋浴混水器离地面的高度要低，一定要确定好你购买的型号，看看顶上喷头离地的高度以及混水离地的高度，做好设计。

● 不同的浴缸或者淋浴房的上水方式都不太相同，需要在水改之前根据要买的产品确定好。

● 最好在浴缸旁再装一套水路留给一个单独的淋浴龙头。

● 如果安装柱盆，别把冷热水出水口之间的距离留宽了，不然有可能安装好柱盆后挡不住这两个出水口，显得特别难看。

● 如果开发商交的房是单路供水，要改造为冷热双路水管，双路水出口，一般为左热右凉，方便日后使用。

● 给水槽或洗脸盆留水口的时候，应该注意不能留得太低，很多业主装水龙头的时候才发现，出水口太低，以至于从出水口到水龙头一根软管不够长，还得再买一个软管接头来连接两根软管。记住，接头越多，漏水的点就越多，而且还浪费银子。

● 双路水的墙面出口一定要保证两个出口突出墙面的高度一致，落地的高度一致，而且两个出口都应该完全垂直于墙面，两个出口之间的距离应该和你购买的水龙头的两个水口间距一样（一般的水龙头冷热水口间距都是15cm）。

● 露台上别忘了留水龙头。

● 如果露台或阳台上有雨水管，可以进行储存雨水的改造，日后用储存的雨水浇花会非常好。

电路改造相关

* 壁挂式电视的电源插座和电视信号插座安置位置要正好可以被电视挡住。

* 镜前灯落地的距离和镜子的形状有关。

* 在晾衣架附近给熨斗留一个插座。

* 厨房或餐厅或许也应该有一台电视机。

* 可以考虑使用无线子母电话以减少改造。

* 可以考虑使用无线网络以减少布线，但必须至少有一两个地方是可以方便地使用有线网络的，而且网口的位置和书桌的摆放位置有关。

* 门禁系统的对讲机是可以挪动的（我以前不知道，结果我第一套房子的对讲机位置特别别扭）。

* 现在很多电话是需要电源的，在预设摆放电话的位置别忘了留个插座。

* 阳台、露台别忘了留灯，最好再留个插座，都要防水的哦。

* 入墙的电线都必须穿 PVC 管，购买 PVC 管时辨别质量的最好办法就是踩，踩不变形的就是好货。

* 墙里埋的电话线最好购买 4 芯的，因为一般电话都只用两芯，这样就有两芯备用，如果以后坏了可以直接使用剩下的那两股线，而不用重新穿线。

* 卧室的顶灯最好做成双控的，入门的时候有开关，在床边也要有开关，这样懒人们关灯就不用起床了。

* 卧室除了主光源，一定要有辅助的光源，特别是用于阅读的台灯和柔和的夜灯，要为它们考虑好电源的问题。

* 或许你现在的床是不需要电源的，但很多进口床撑是要用电的（比如可以把床抬起来让你舒服地看电视或看书），所以为了避免到时候买了那种床没法使用，最好在床头处留好电源，这种情况一般是每边各留一个电源。

* 大家一般不会忘记台灯的设置，但根据我的经验，落地的阅读灯其实是非常有用的，特别是如果你喜欢像我一样仰在圈椅里看书的话，所以给

ZHUANG
XIU BU
SHANG
DANG
SHENG
XIN GENG
SHENG
QIAN
装修不上当，
省心更省钱

落地灯留个合适的插座是很有必要的。

- 很多人喜欢在卧室里使用调光开关，可要注意，调光开关只能使用白炽灯泡，如果用节能灯就无法发挥作用。
- 空调的插座位置要根据空调室内机的尺寸规划，让空调可以安装在其旁边并且不会有一大段电源线吊在那儿。
- 卧室的空调最好不要正对着床，这样晚上睡觉很容易吹病。
- 电冰箱最好不要与空调在同一线路上，因为空调和电冰箱的启动频率可能互相干扰，造成电器损坏。

开关面板和插孔的位置留得不合理，往往会给以后的生活带来很多不便，我在设计中有以下经验：

- 开关面板的高度：正常情况下一般的高度都没有问题，但你要考虑的是，如果你的两手都有东西，你喜欢怎么去开灯。比如，我两手拿着东西时，我喜欢用额头去开灯，那么我设计的开关高度就要适合我用额头可以开灯的位置；而有的人喜欢用胳膊肘去开灯，那么他们设计的高度就应该适合用胳膊肘开灯。
- 全屋的开关应基本处于同一水平位置。
- 每个房间的开关都要设置在你站在门口用手就能轻易够到的地方，如果设计得太靠里了，就不得不在黑暗中前进一两步才能打开，这样很可能撞到一些看不见的东西。
- 每个房间应该至少有一个插孔不被任何东西挡住，这样在以后使用吸尘器之类的电器时会方便很多。
- 电视墙上的插座留再多也会不够用，很多时候不可避免地会使用插板，为了隐藏插板一般会把插板放到电视柜后面的地面上，这样取拿将非常困难，所以电视墙上的插座应该有一部分是带开关的，专供插板使用，这样就避免了以后为拔掉插板上的插头而频繁地搬动电视柜。
- 全屋的插座应尽量处于同一水平位置，插座离地面一般为30cm，不应低于20cm（特殊插座如空调、冰箱及有特殊要求的例外）。插座及开关面板的位置一定要结合日后的家具、电器摆放计算好高度、间隔，以免在安装完毕后，摆放家具、电器时发现刚好被电器或家具挡住了。

* 插座一般离地 20cm 左右，但如果在客厅的沙发处留这个高度，以后使用起来就相当困难了。建议先确定沙发的尺寸，按照沙发靠背的高度，预留插座，这样使用起来就方便多了。

* 还有一些插座可以考虑留得高些。比如，给电熨斗留的插孔就应该和你家的熨衣板高度差不多。电脑周围的插座可以留一个到桌面上一点儿，其他的可以留到桌面下。

* 最近发现很多人和我一样忘了给房间必需的一个小小的电器留插座了，那就是液体蚊香。现在的液体蚊香是直接插上电就工作的，总觉得让它就在我的书桌下或者床边冒着号称无毒却能毒死蚊虫的可疑物质，心中还是不安。所以最好在房间靠近门窗的位置留一个给液体蚊香的插座，以免日后郁闷。

厨房相关

厨房的隐蔽工程设计严重影响日后使用厨房的方便度，我总结了以下一些容易忽略的地方，供大家参考：

* 嵌入式烤箱、消毒柜的电源别忘了，而且最好安排在橱柜里面。
* 当然，抽油烟机的插座也别忘了哦。
* 冰箱的插座最好安排在冰箱的正上方。有的人可能要说那样就不方便插插座了，但其实想想，谁家还经常插拔冰箱的插头啊？安排在冰箱正上方，可以不露线头，很整洁。当然到时候最好选择带开关的面板，另外也要提前知道冰箱的高度。
* 橱柜台面操作台附近一定要留几个插座，以后使用豆浆机、果汁机等小家电会方便很多。
* 软水机、纯水机、食物垃圾处理器都需要在橱柜里面有插座，并且垃圾处理器还必须在橱柜台面上面有个开关可以方便地控制下面的电源插座。
* 别忘了软水机、纯水机还需要相应地对水路进行改造。

- 如果安装燃气热水器，别忘了给燃气热水器留一个电源插座哦。另外，燃气热水器的出水和入水口以及燃气入口间的距离也要事先知道。

- 散热器可以挂在橱柜上下吊柜之间，更节省空间，并且现在一些厨房专用的散热器还可以当挂杆用呢。

卫生间装修中隐蔽工程是重点，我有一些非常好的经验，列出来给大家一个提示吧。

- 一些浴缸和淋浴房需要用电。

- 卫生间的浴霸应该安装在淋浴处的正上方而不是卫生间的正中。

- 卫生间镜子旁需要留几个插座以备剃须刀、电吹风等电器使用。

- 镜前灯的开关也最好留在镜子旁边。

- 你可以购买一个"一开五孔"的开关面板来"一举两得"：一般这个面板上的开关是用来控制那五孔有没有电的，但其实你还可以用这个开关来控制其他的东西，比如控制镜前灯。这样，一个面板就解决两个问题了，这可是我的超级秘笈哦！

- 入墙式洁具的设计风格极具现代气息，非常漂亮，但对设计及先期水路隐蔽工程的要求非常高，需厂家给出详细的水路预留方案，而且墙里一般还需要预埋一些管件，也就是在水路改造时就要把产品购买回来，按照要求预埋安装。而入墙式马桶，很多房子都不具备安装的条件，一定要咨询清楚再购买。

弱电布线注意事项

- 为避免干扰，弱电线和强电线应保持一定距离。国家标准规定，电源线及插座与电视线及插座的水平间距不应小于50cm。

- 充分考虑潜在需求，预留插口。比如，在餐厅或者厨房也可以考虑预留电视信号插口，在卫生间或许可以预留电话线插口。

- 为方便日后检查维修，尽量把家中的电话、网络等控制集中在一个方便检查的位置，从这个位置再分到各个房间，当然最好是采用我前面提到过的无线网络和无线电话方案，那就更方便了。

- 如果客厅打算放置家庭影院，那么应该在电改的时候就把线路走好。特别要注意，在功放位置要留音频输入孔。另外，后置的两个音响，根据是打算悬挂还是落地摆放，所留的音频线输出孔的高度是不一样的。

- 相信现在有很多人和我一样，喜欢的大部分音乐都不是在ＣＤ盘上，而是保存在电脑上。那么如果你家里设置了背景音乐系统，那么告诉你一个秘密吧，其实背景音乐系统的音源可以是多个的，也就是说你可以把电脑上的音乐作为家里背景音乐系统的音源。同时，客厅的家庭影院系统也是可以作为音源的，只要在每个房间加个切换装置就可以在两个音源间切换选择了——我家就是这么设计的，所以我经常可以在泡澡的时候听着电脑上播放的郭德纲的相声。呵呵，挺爽的！

家里如果是通过电话线上网（比如 ADSL），那么在接电话线和网线的时候一定要规划好。我知道很多人一上网家里的电话就用不了了，还有的人家里的网线一直没法用，就是因为设计的时候弄错了。关于这个问题，网上有些攻略，可写得让人看不明白，我现在用大白话给大家讲讲怎么走电话线和网络线吧。

- 电话线的总入户孔最好留在电脑桌旁，电话线从这根总线出来后接到 ADSL 专用的那个分线盒上，然后从分线盒上写着 PHONE 的那个孔出来接一部电话机后分一根线再接入墙（墙上得有个电话线插孔），分到其他房间的电话孔上。

- 从上述 ADSL 的分线盒中出来的电话线直接插到 ADSL 专用猫上，ADSL 猫出来的网线可以直接插到电脑上使用，但如果要实现别的房间也能上网，那么就得把 ADSL 猫出来的网线插到路由器上，再把从路由器出来的线通回墙里（墙上得留有网线插孔），连到别的房间。注意：要通到几个不同的房间，此处就要留几个不同的网线插孔。

以上讲的都是传统的做法，不但线多，而且工程费用也不低，还容易出错。其实还有更简单的方法，那就是采用无线方案。如果采用无线方案，对应上述两点就该这样操作了：

- 电话线的总入户孔最好留在电脑桌旁，电话线从这根总线出来接到 ADSL 专用的那个分线盒上，然后从分线盒上写着 PHONE 的那个孔出来直接接到无线子母机的母机上（最好购买数字无绳电话），然后你需要在几个房间使用电话，就给这个母机搭配几个子机，任意地拿到别的房间使用就可以了。

- 从上述 ADSL 的分线盒中出来的电话线直接插到 ADSL 专用猫上，ADSL 猫出来的网线可以直接插到电脑上使用。但如果要实现别的房间也能上网，那么就得把 ADSL 猫出来的网线插到无线路由器上（也称 AP，要注意根据家里的面积购买相应型号的机器），然后只要你的电脑有无线上网卡（Wi-Fi），就可以在任何一个房间上网了。

现在的笔记本一般都带有无线上网卡，即便有的电脑没有也没有关系，直接买个 USB 无线网卡插上就可以了（一般才几十块钱）。很多人担心无线上网速度会慢，其实完全不存在这个问题，只要安装正确，无线局域网和有线局域网一样快。

附录十：瓷砖的干铺和湿铺

干铺一般用于地砖的铺贴：

* 把基层浇水湿润后，除去浮沙、杂物。抹结合层，使用 1∶3 的干性水泥沙浆，按照水平线探铺平整，把砖放在沙浆上用胶皮锤振实，取下地面砖浇抹水泥浆，再把地面砖放实振平即可。

* 采用干铺法能有效地避免了地面砖在铺装过程中造成的气泡、空鼓等现象，但是由于地面砖干铺法比较费工，技术含量较高，所以一般干铺法要比湿铺法的费用高，而且干铺的厚度会比较大。所以，干铺法一般用于比较大尺寸的地砖铺设。

湿铺是很多家装业主普遍采用的瓷砖铺贴方法。墙砖铺贴都是采用湿铺。这种工艺与干铺法的区别就在于将 1∶3 的干性水泥沙浆替换成了普通水和水泥沙浆。

采用湿铺法的瓷砖地面有可能产生空鼓与气泡，影响地面砖的使用寿命。但湿铺的厚度会比干铺薄，节省空间，而且湿铺法操作简易，价格较低，象厨房卫生间等小面积的空间，地面一般都是采用湿铺法。

干铺湿铺怎么选？

* 一般墙砖是湿铺，特别大尺寸的地砖是干铺，比如 800×800 的大地砖，或者大尺寸的石材铺设地面，都可以采用干铺。

* 干铺厚度大，湿铺厚度小。

具体采用干铺还是湿铺，可以由家里的瓦工师傅来判断，一般他的判断都是正确的。

而且干铺和湿铺，只要操作得当，工程质量都是一样的。

附录十一：木工常见材料简介

大芯板是什么，怎么挑选

大芯板又叫细木工板，是在两块木单板中间夹了拼接木板而做成的。由于中间拼接的木板和木单板都是用胶粘连而成，所以很多大芯板甲醛释放超标。

购买大芯板一定要购买正规厂家的E1级产品（即便是最好的大芯板，其甲醛释放量也是非常可观的，这点一定要注意）。

选择时要观察大芯板的外观，看大芯板表面是否平整，有无翘曲、变形，有无起泡、凹陷，最好能将其剖开观察内部的芯条是否均匀整齐。缝隙应小而且应无腐朽、断裂、虫孔、节疤等缺陷。

商家一般都把很多大芯板一张张地成堆码放，购买大芯板时，可以选择比较新的堆头（落灰少，木色新）把上面的几张大芯板抬起来扇乎一下，闻一下飘散出来的味道，无刺激的则环保性相对较好。

大芯板的特性及适用范围

大芯板的竖向（以芯材走向区分）抗弯压强度差，但横向抗弯压强度较高。它的握钉力和防水性都比密度板和刨花板好，表面一般比较粗糙，需要做饰面处理（油漆或贴装饰板等）。简单说，家里做的必须用钉子钉的大件木工活一般都需要用大芯板。

但大芯板本身会使用很多胶，在饰面处理中也会用到大量胶或漆，而且大芯板的污染物都处于开放挥发状态，所以，在家装中一定要严格控制大芯板的使用量。

密度板是什么

密度板是以木质纤维或其他植物纤维为原料，施加脲醛树脂或其他适用的胶粘剂制成的人造板材。按其密度的不同，分为高密度板、中密度板、低密度板。

一般中密度板密度为 550 千克~880 千克/立方米；高密度板密度≥880 千克/立方米。

密度板的特性及适用范围

密度板表面光滑平整、材质细密、性能稳定、边缘牢固，而且板材表面的装饰性好。但密度板耐潮性较差，且密度板的握钉力较刨花板差，螺钉旋紧后如果发生松动，由于密度板的强度不高，很难再固定。密度板韧性比较大，可以弯曲，但另一方面如果用其做大面就很容易"塌腰"变形。所以密度板不适合做木制品的框架，也不适合用做一些承重的平面。但一些需要精细雕刻的活儿很适合用密度板做，做好后一般是用胶粘到其它木板上。有些需要做成异形弯曲的细节也可以用密度板做，有时候会把密度板用钉固定到其它板材上，利用其它板材的握钉力。

最后要说一下，国外的密度板和国内的密度板由于标准不一样，所以有较大差异，国外密度板的品质非常好，很多机械化生产的家具都用的是密度板。

刨花板是什么

刨花板是把一些干燥的木颗粒和胶一起用热压机热压而成的板材。好的刨花板其颗粒经过静电吸附排列，大的颗粒在板芯部分，小的颗粒在板材两面部分，从断面可以看到木材颗粒越往中间越粗，这样的结构使刨花板的张力很好，不易翘曲形变。

目前刨花板一般都覆贴了一层三聚氢氨饰面纸后使用。由于三聚氢氨饰面纸防水不透气，所以这种刨花板的封闭性较好，有害物质只能从断面挥发，所以在加工时一般还要进行封边处理。

刨花板的优劣与加工工艺及用料有非常大的关系，所以选择好的品牌非常重要。目前国内的品牌集中度非常高，只有几个品牌是大家经常选择而且品质过关的。

刨花板的特性及适用范围

目前市面上常用的刨花板是三聚氢氨饰面后的产品，鉴于其在环保方面的

装修不上当，
省心更省钱

ZHUANG
XIU BU
SHANG
DANG
SHENG
XIN GENG
SHENG
QIAN

优越性，也建议大家选择这种双饰面的刨花板。由于双饰面和后期的封边处理，使刨花板里的有害物质不易挥发，所以三聚氢氨双饰面刨花板的环保性强于其它合成板材。

刨花板虽然握钉力强于密度板，但也无法达到一般家具制作的需求（所以刨花板制作家具是不能简单的用木钉钉的，这样的产品用不了多久就会散架）。刨花板在一定尺寸之内的抗翘曲和强度都是不错的，所以用刨花板做家具的面，无论长宽都不宜超过1米。

现在刨花板能大量地在家具中使用得益于家具加工设备和五金的进步，针对刨花板握钉力不强有专用的三合一五金，用设备预埋到板材里，家具组装靠五金件来连接。

针对太大的刨花板容易变形翘曲的问题，预埋到板材背后的刨花板拉直器（常用于大型家具的门），可以有效防止翘曲。

针对刨花板断面容易释放有害物质的问题，有热压封边机等等。

所以，使用刨花板制作家具等产品，靠手工操作是完全不可行的，购买使用专业设备的家具厂出产的制品才是明智选择。

胶合板是什么

胶合板是由原木旋切成单板或木方刨切成薄木，再用胶粘剂胶合而成的三层或三层以上的薄板材。通常使用奇数层单板，并使相邻层单板的纤维方向互相垂直排列胶合而成。因此有三合、五合、七合等奇数层胶合板。从结构上看，胶合板的最外层单板称为表板，正面的表板称为面板，是质量最好的单板材。反面的表板称为背板，是质量次之的单板材。而内层的单板材称为芯板或中板，是用质量最差的单板材组成的。

胶合板的特性及适用范围

胶合板的每一层之间都是用胶黏合，所以其环保性极差，不推荐使用在家装中。如果要说它适合制作什么，那它最适合制作的就是包装箱。另外胶合板也适合用于建筑工地的一些混凝土施工或者制作的脚手架。

饰面板是什么

饰面板全称为装饰单板贴面胶合板，它是将天然木材或科技木刨切成一定厚度的薄片，粘附于胶合板表面，然后热压而成的一种用于室内装修或家具制造的表面材料。常见的饰面板分为天然木质单板饰面板和人造薄木饰面板。人造薄木贴面与天然木质单板贴面的外观区别在于前者的纹理基本为通直纹理或图案有规则；而后者为天然木质花纹，纹理图案自然，变异性比较大、无规则。

和胶合板一样，饰面板的污染性也非常严重，而且一般还要再用胶粘贴到家具表面，在家装中应该尽量少用或不用。家具或其它木制品表面可以选择好的木器漆进行油饰。

石膏板是什么

一般家庭装修中常用的都为纸面石膏板，它是以建筑石膏为主要原料，并掺入适量的纤维和添加剂做成板芯，与专用护面纸牢固地粘接在一起而组成的板材。纸面石膏板具有防火、隔音、隔热、轻质、高强、收缩率小等特点且稳定性好、不老化、防虫蛀，可用钉、锯、刨、粘等方法施工。但纸面石膏板抗冲击力较差，大力撞击很容易使其碎裂。

石膏板用在哪儿，如何挑选

石膏板一般用在家装的吊顶或隔断中。有经验的人都知道，挑选石膏板，主要应注意的是其纸面，一般纸面在哪儿有破损，石膏板就容易从哪儿开裂。好的石膏板表面的纸是经过特殊处理的，应该非常坚韧。你可以试着揭开这个纸面感觉一下。同时也要观察纸面和石膏芯板的黏合度强不强，如果附着不强的石膏板也同样容易破损。另外，由于石膏板一般是直接在其上作乳胶漆等饰面，所以也要观察其表面的平整光滑度。挑选的时候，可以由两个人在石膏板长的两端，把石膏板抬起来，看看中间的弯曲度，好的石膏板弯曲度不会太大。两个人还可以抖一下石膏板的两端，如果没有断裂才是合格的产品。

龙骨是什么及常见分类

龙骨就是家里很多装饰物、造型、立面、地面或顶面的骨架，它支撑并固定着这些结构。根据使用的不同，龙骨有非常多的种类；按材料，有木龙骨、轻钢龙骨、铝合金龙骨、钢龙骨等等；根据使用部位来划分，又可分为吊顶龙骨、竖墙龙骨、铺地龙骨以及悬挂龙骨等。

木龙骨如何挑选

购买木龙骨时会发现商家一般是成捆销售的，这时一定要把捆打开一根根挑选。

- 选择干燥的，湿度大的龙骨以后非常容易变形开裂。
- 选择结疤少，无虫眼的，否则以后龙骨很容易从这些地方断裂。
- 把龙骨放到平面上挑选无弯曲平直的。
- 经常商家说是 8cm 见方的龙骨其实只有 6cm 见方，所以应测量龙骨的厚度，看是否达到你要求的尺寸。

木龙骨应用特点

木龙骨在中国的家装中已经用了几千年了。它容易造型，握钉力强且易于安装，特别适合与其他木制品连接。由于是木材，它的缺点也很明显：不防潮，容易变形，不防火，可能生虫发霉等等。但是，只要选择干燥的产品用到没有水汽没有火的地方，就完全没有问题了：比如木地板的龙骨，客厅造型里等等。另外，在客厅等房间吊顶使用木龙骨时，由于会有电线在里面，所以最好涂上防火涂料。一般涂过防火涂料的木龙骨看上去会有些发白，你也可以由此来判断装修公司是否偷工减料了。

轻钢龙骨应用特点

轻钢龙骨一般是用镀锌钢板冷弯或冲压而成，是木龙骨的升级产品，主要优点是防火，防潮，强度大，自重轻但不易造型，比如一些圆弧形状就无法制作。

家装中一般在厨卫空间的吊顶或造型中都必须使用轻钢龙骨。

轻钢龙骨如何挑选

选择轻钢龙骨的时候，先要根据自己的用途选择对应的形状，轻钢龙骨按照断面形状分为 U 型、C 型、L 型、T 型、V 型。然后一定要选择合格的厚度，不能选择低于 0.6mm 的产品。为防止生锈轻钢龙骨两面应镀锌，选择时应挑选镀锌层无脱落，无麻点的。另外，选择时最好选择镀锌层表面有雪花状清晰花纹，且埋起来也比较硬的"雪花板"镀锌龙骨，这种一般为原板镀锌龙骨，更不易生锈，而且强度更大。

白乳胶——你必须严格控制的污染源

白乳胶，一般施工中都会用到，可市面上，假冒伪劣的白乳胶占到 8 成以上，而这些劣质白乳胶的污染危害之大真的是难以想象，所以购买白乳胶时必须注意，要认准知名品牌，最好到正规的建材城或建材超市去购买。同一品牌中也有三六九等之分，尽量购买最环保的，一桶胶差不了多少钱，但对健康影响就非常大。

如果白乳胶是由装修公司购买，更要查看其购买凭证。有的装修公司会用正规产品的桶装劣质胶来蒙骗业主，所以对于工地上用的白乳胶必须仔细查看：

- 闻一下，好的白乳胶几乎没有什么味道，而劣质的就很刺鼻。
- 看胶体，好产品应均匀，无分层，无沉淀。
- 观察胶凝固后的胶膜，越透明说明胶的质量越好。

合页、门吸选购小窍门

- 合页比较好的材质有不锈钢和铜。铜的比较贵，只要是真正的不锈钢的，质量就足够满足一般需求了。
- 除材质以外，合页的厚度也很重要，最好选择 3mm 以上的。
- 好的合页内部有阻尼油。这样的合页，你拿着其中的一片，让另外一片

自由打开时，会发现那片会缓慢打开，而不会一下开到头。这样以后在使用时，会防止门猛地撞到门框上。

• 门吸有墙吸和地吸两种，可以根据家里的情况选择。但要注意，有的时候使用墙吸只能安装到踢脚线上，这样长久使用很容易把踢脚线给拽下来，这种情况最好选择地吸。

• 门吸最好也选择不锈钢材质的，而且质量不好的门吸最容易在右图中箭头标识的地方断裂，所以购买时可以在这个位置使劲地掰一下，如果会发生形变，就不要购买。

附录十二：木工工程中的那些边、套、线

门套、垭口、窗套、护角是什么，你需要吗

门套用白话讲就是门装在上面的那个框框，它一般由门框和门脸边线构成。门框一般是固定在门洞的墙体上的，门扇固定在门框上面。门脸边线是扣在门框上的，也是我们从门的正面可以看到的门扇周围的那条边线，它起到美化和遮挡门框和墙体缝隙的作用。一般如果要安装门，就必须要门套。

另外，很多人讲的门套其实指的是垭口。垭口，简单讲就是没有门的门套，一般安装在过道的门洞周围的墙体上，如右上图所示。

窗套，就是窗户周围的那圈边框，仔细观察会发现，窗套很像门套的一半，如右中图所示。

护角，就是装在墙体的阳角上，保护墙角不被磕碰损伤的。材质除了木质，一般还有玻璃和金属等，如右下图所示。

垭口、窗套、护角不但有上述提到的一些功能，还在一些风格打造中有一定的装饰作用，但这三种都不是装修必须的，如果追求简约风格，完全可以不用制作。

踢脚线是什么，你需要吗

踢脚线是墙面与地面交界的阴角部分安装的木质、石质或者金属的线条，其作用主要有以下几点：

- 用于保护墙面不至于在拖地时或者被脚不小心踢到时弄脏。
- 用于修饰墙地面交界出的一些缺陷。
- 踢脚线和门套、窗套可以在视觉上形成统一线条的作用，对于一些风格的打造有较强的装饰作用。

如果墙地面都是瓷砖或石材等不怕脏的材质，则可以不用踢脚线，其他情况下最好安装踢脚线。

踢脚线的作用、种类及特点

踢脚线不但能平衡视觉，掩盖地面材料与墙面的伸缩缝，还能保护墙体根部不被弄脏损伤，所以一般厨卫以外的所有房间，最好都安装踢脚线，常见的踢脚线有这些：

木踢脚：有实木和密度板两种，实木的非常少见。木踢脚线成本较高，效果较好，安装时要注意气候变化以免日后产生起拱的现象。

PVC 踢脚：是木踢脚的便宜替代品，外观一般模仿木踢脚，用贴皮呈现出木纹或者油漆的效果。便宜，但贴皮层可能脱落，而且视觉效果也较木踢脚差。

不锈钢踢脚：成本非常高，安装也比较复杂，但经久耐用，几乎没有任何维护的麻烦，但一般只适合一些现代风格的装修中。

瓷砖或石材踢脚：比较耐用，但一般适合于墙面也使用石材或瓷砖的房间。

踢脚线该买还是该做

我建议还是买比较好。

首先，如果对踢脚线要求不高，买地板的时候一般会赠送踢脚线，即便看不上这个踢脚线，也可以添些钱让商家给你更换更好的踢脚线。

另外，从视觉效果上讲，踢脚线和门套保持一致是比较好的，所以踢脚线也可以在

订购室内木门的时候一起订购。比如我家的踢脚线由于要和门套搭配成一样的搓旧效果就一起在门厂订购了，最后效果非常好。

工人在现场手工制作的踢脚线，一般油漆粗糙，而且很容易变形开裂掉漆，不建议选择。

顶角线的作用、种类及特点

顶角线起到分割视线的作用，使用后房间的立体视觉效果更好。而且很多房子的顶和墙相交的阴角线并不平直，使用顶角线后能有效地掩盖住这一缺陷，常见的顶角线有这些：

石膏线：最常见，便宜，耐用，安装简单，样式丰富。

木顶线：使用得比较少，一般用在欧式古典装修中。成本高，制作复杂，有开裂掉漆的可能，而且接缝处不好掩饰，一般比较明显。

壁纸顶线：虽然一般是使用壁纸的房间的选择，但其实刷乳胶漆的房间使用也会收到意想不到的效果。安装极其简单，基本上完全没有后续的麻烦，更换起来也比较容易。

挂镜线有用吗

挂镜线一般是木条制作，在装修中安装在墙面上，以备以后挂画或者其他装饰物的时候，可以直接在上面钉钉子，以防伤到墙体。但在我看来，这个绝对已经属于淘汰产品，家庭装修是没有必要制作的。

首先，安装这种挂镜线后，挂画必须挂在一个高度上，相信有经验的人都知道，挂画一般不可能都在一个高度上，这和画的幅面有很大关系。而且现在很多时候我们会在一个地方挂一组画，还会采用高低错落的形式，这样挂镜线就不起作用了。

另外，现在有种如右图所示的专门的无痕挂画钉，它有不同的型号对应不同的悬挂重量，基本不伤墙体，使用也很方便，我家现在挂的所有东西都用的是这个小玩意儿。

装修不上当，省心更省钱

ZHUANG
XIU BU
SHANG
DANG
XIN GENG
SHENG
QIAN

墙裙是什么，你需要吗

墙裙就是在内墙从地面往上一定的高度，用木板之类的装饰材料给墙制作的装饰层面。其作用据说可以装饰墙面、保护墙体等等，但目前已经基本上从家装中消失了。其缺点非常明显，首先是不环保，这么大面积的使用合成木板还要刷漆，肯定会造成很大的污染。其次这种古板压抑的装饰风格也越来越和现在简洁轻快的主流不相符了。

附录十三：常见木地板的特点及选购方法

目前市场上常见的木地板主要有以下几种。

实木地板：用天然木材加工而成。

多层实木复合地板：多层结构，用多种天然木材切板，多层复合在一起，一般表层使用纹理漂亮的高档木材，其它层使用一般的木材。在多层实木复合地板的范畴中还有一种3层实木复合地板。

普通实木复合地板：也是多层结构，表层采用实木板，其他层采用密度板等复合木材。

强化地板：在密度板等复合木材的表面覆上三氧化二铝耐磨纸以呈现不同花色。

软木地板：用特种树皮制作的和红酒瓶塞同种材质的地板。

实木地板的应用特点

实木地板是用天然木材直接切割后加工而成的，完全保留了天然实木漂亮的花纹和肌理。由于没有使用胶粘合剂，所以一般比较环保。实木地板一般安装时需铺设龙骨，加上实木本身的触感也比较好，所以实木地板的脚感都非常舒适。

实木地板在使用上就比较娇气，如果是不好的木种，太干或者太潮的环境都有可能使其形变开裂。其耐磨度也较低，不能在上面拖动家具，最好也不要穿着室外的鞋在实木地板上走动，这样都可能使其磨损。为保持实木地板表面的漆面光华，最好3个月左右就打一次蜡。

实木地板选购要点

- 由于实木地板容易翘曲变形，所以在选择的时候，最好选择小尺寸的板子，相对于大板而言，比较窄而短的木地板，更不易变形。
- 对于由天然木材做成的实木地板，对其使用木材的优劣应该有所考察，

装修不上当，
省心更省钱

ZHUANG XIU BU
SHANG DANG
SHENG XIN GENG
SHENG QIAN

可以多拿几块地板做个比较，观察其有没有虫眼、开裂、发霉等现象。

● 可以多拿几块地板在地面拼装，观察其平整度和尺寸的精确度。有的地板由于加工尺寸不准，拼接后有的缝隙大，有的缝隙窄，非常难看，而且以后也容易变形，不宜选购。

● 一般实木地板表面都有油漆，所以应该选择油漆面光滑，无杂质，无气泡，无坑洼的。

实木复合地板的应用特点

无论是哪种复合方式，这种多层的结构一般都不易变形开裂，而且安装相对简单。这种地板表面又是选用高档实木，从脚跟和外观上都和实木地板无异，应该是比较理想的选择。

当然，由于是多层复合，不可避免地会使用黏合剂，其环保性就不及纯实木地板了。

三层实木地板，由于胶粘层数少，从理论上讲会比多层实木地板更环保，但这和其用的胶有非常重要的联系。如果胶不好，一点儿就会超标，但如果是好胶，有时候即便用得多，也还是环保的。

三层实木防变形的技术稳定性目前还不及多层的，所以市面上销售得好的还是一些多层实木地板。

而实木和密度板复合的产品，很多时候价格并不便宜。虽然其稳定性是最好的，但建议还是购买多层实木复合的地板，从环保上讲相对更安全。

实木复合地板表层也是实木，所以耐磨度也比较差，如果能定期打蜡，对其保养是有利的。

实木复合地板选购要点

● 多层实木复合地板的表层实木不能太薄，而且表面油漆最好选择UV漆等耐磨的油漆。

● 多拿几块地板在地面拼装，观察其平整度和尺寸的精确度。有的地板由于加工尺寸不准，拼接后有的缝隙大，有的缝隙窄，非常难看，而且以后也容易变形，不宜选购。

- 测量其槽口尺寸是否为国家标准规定的 3.5 ~ 4mm。
- 特别需要观察表层以外的其他层使用的是什么材料。最好拿一块地板从中锯开观察，有些劣质仿冒复合地板中间夹的都是烂木渣。地板锯开后还可以闻一下气味，如果特别刺鼻，说明用的胶甲醛超标了。
- 如果家中使用的是地热采暖，则最好选择多层实木复合，而不宜选择三层实木复合，而且也不宜选择太厚的地板。

强化地板的应用特点

强化地板最大的好处就是"皮实"，合格的强化地板，表面耐磨系数达到6000 转以上，还有些超耐磨的会更强，可以说家里一般性的随便地在地板上拖动家具，或者随便地穿着鞋子在地板上走来走去，都对它没有任何影响。这种地板表面是一种耐磨纸，花色显得单一，但现在很多国产的强化地板使用了进口的耐磨纸，花纹也挺好看。由于强化地板是复合木材，一般不易变形，就是怕水泡。而很多人说的强化地板脚感不好，我觉得倒无所谓。在我看来，买双好拖鞋，在啥地板上走路脚感都好，毕竟强化地板是这些木地板中最便宜的，其价格有时候连实木复合地板的一半都不到。

强化复合地板选购要点

选择强化地板，其耐磨性非常关键，虽然商家都会出示各种各样的说明或者报告告诉你他的地板耐磨达到了 ×××× 转，但其实最简单的方法就是带块砂纸去买地板。选好地板后，经过商家同意，让商家给你一个地板的样块，你用手指摁住砂纸在地板上来回打磨 50 下，劣质产品的耐磨层很快就会被磨损而露出装饰纸，好的产品可能连划痕都没有留下。你可以用一样的力道多试几块地板，优劣自然一目了然。

强化地板的环保性，一般很难直接辨别，所以最好还是选择一些正规品牌的产品。

软木地板的应用特点

软木地板是近几年才在国内出现的，给人的感觉就像红酒瓶塞一样。它是

ZHUANG
XIU BU
SHANG
DANG
SHENG
IN GENG
SHENG
QIAN

装修不上当·
省心更省钱

用一种特殊树种的树皮制作的，和普通实木地板比较，其最大的使用优点就是静音，防虫，防潮，脚感柔软。但其花色较为单一，而且价格一般较高。如果就使用来说，由于其外表单调，我感觉购买这种软木地板是没什么意思的。首先，普通实木地板也没什么声音，而要柔软，还是那句话，穿双好拖鞋。但软木对环境却有很大的好处，它使用的是树木的皮，而且这个树皮是可以反复生长的，对树木本身不会造成损伤；不像普通实木地板，会以损失我们的森林作为代价。所以我想软木地板最大的好处在于对自然环境的保护。

软木地板选购要点

目前常见的软木地板有三种。

纯软木地板：4 ~ 5mm，保持软木的原始花纹，直接贴在平整的地面上使用。这种地板购买时可以把它弯曲看看，好的软木地板韧性很好，而劣质产品会在弯曲时断裂。另外，购买这种地板对于安装时使用的胶也要特别注意，要选择环保的产品，不然将造成极大的污染。

软木夹心地板：3层结构，表层和底层都是软木，中间一般为密度板等复合木材。由于中间层带有锁扣，所以安装上和普通强化地板相似，较为简单。挑选这种地板要注意这3层之间复合的强度怎么样，因为有的地板使用后会发生软木层脱落的现象。另外和选择普通锁扣地板一样，要看其拼合后的平整性和吻合度。

软木静音地板：就是在普通强化地板的底层贴上一层软木，以达到静音的效果。挑选方法和强化地板相似。

所有软木地板挑选时都应注意软木的品质，要选择表面光滑无颗粒突出物的。

竹木地板的应用特点

竹木地板是以竹为原材料和木材复合加工而成的地板，一般表层都为竹，也呈现出竹子的外观。

如果在装饰上需求竹这种元素，采用竹地板可以很大程度地呈现出清新原始的气息。

但是，竹木地板的缺点却很明显，和竹子本身的特性一样，它非常容易变形。特别是在北方地区，冬季供暖时室内一般非常干燥，极易使竹地板开裂变形。

由于竹材本身比较光滑，硬度也较大，所以漆膜的附着力较低，以至于很多质量不好的竹木地板在使用后会发生漆膜脱落的现象。

和软木地板一样，我感觉竹木地板最大的好处是使用了竹子这种速生材，从而减少了对树木的消耗。

竹木地板选购要点：

- 拿出 10 块左右竹木地板拼接在一起，放在平整的地面上，先观察吻合度和平整度，最好再上去踩一下，感觉有没有翘曲或者吱吱的声音。
- 目测竹木地板表面的漆膜，看是否有气泡、起鼓等现象，最好用指甲抠一下漆膜，看是否容易脱落。
- 拿一块竹木地板用力地弯曲、用手掰一下竹层和木层看会不会发生脱层开裂现象。

ZHUANG
XIU BU
SHANG
DANG
SHENG
XIN GENG
SHENG
QIAN

装修不上当，
省心更省钱

附录十四：家庭灯具设置相关知识及经验

不同房间的不同灯光功能需求

- 门厅：往往需要更明亮些的灯光，以便刚走进屋里便能感受到室内的温暖。

- 客厅：需要更多功能的复合照明，既要有能照亮整个房间的顶灯，又要有适合阅读的灯，还要有看电视的辅助灯，或许还要有打亮艺术品的射灯。

- 餐厅：能直接照射餐桌的明亮的吊灯或许是最适合的。

- 卧室：不宜选择太亮的灯光，最好能对光度进行调节，此外还应该有台灯、夜灯配合使用。

- 卫生间：既应有顶灯供一般照明，又应该有镜前灯，方便处理仪容时使用。

- 厨房：需要明亮的便于操作的照明，最好在操作处还有防止背光的照明，比如灶具和案板上方。

家庭常用的灯具类型

- 吊灯：常用在餐桌上方，楼梯间和客厅，一般造型比较华丽漂亮或者有较强的特点，有很大的装饰性。

- 吸顶灯：常用在厨卫、卧室或者书房，整体比较简洁，一般厨卫所用的吸顶灯照明效果也比较好。

- 落地灯和台灯：常用在客厅、书房或者卧室，用于阅读或辅助照明。

- 筒灯和射灯：常用在一些造型或者一些艺术品上方，其营造气氛或强调装饰点的作用。

- 浴霸：这个也应该算做一种灯，反正它一般也在灯具城销售，其作用当然就是在洗澡时取暖。

灯光设计的注意事项

* 注意灯泡的选择，一般市面上的灯泡有冷光和暖光两种，居室里要慎用冷光灯。

* 不要滥用射灯，以免造成视觉负担。

* 避免灯光直接打到高光物品上，这样形成焦点光，这不但让眼睛难受，而且也会使焦点光以外的部分显得变形。

* 在较大范围内使用柔和灯光时，要注意柔和灯光也应该具备一定的亮度，不然会显得非常压抑。

* 选择较大型、较复杂的吊灯时要慎重，特别是在层高不是很高的房间内。

水晶灯

逛逛灯具城会发现那些最显眼的地方，商家总是会悬挂出花样繁多的水晶灯，绚丽漂亮，总让人产生购买的冲动，可价格往往又很吓人。

其实，同样款式的水晶灯，根据其悬挂的水晶珠的品质不同价格也不相同，一般按价格排列是：施华诺世奇带激光防伪的、奥地利的、印度的、国产的、玻璃的、亚克力的等等。这些不同的水晶珠能让一个灯的价格相差好几十倍。当然，那些顶级的水晶灯打开的时候，或者是有日光照射在上面的时候，其绚丽程度的确是让人无法形容，但如果预算有限，我建议可以购买一盏特别小的但是各方面都很好的水晶灯挂在餐厅里，而客厅之类悬挂的大型灯，其实没必要购买顶级珠子的。如果喜欢它的造型，就购买普通玻璃珠的，也能收到不错的效果。这主要是因为客厅的灯一般悬挂比较高，所以入住后咱们很少仰头仔细观察它；而且珠子特别多的灯，久了难免会脏，清洗起来又非常麻烦，因而客厅里的水晶灯一般很难保持最初的华丽效果。所以，即便是使用普通的玻璃珠也会差别不大了。

壁灯在家里使用一般在这几个地方

* 床头：此处安装的壁灯，最好选择灯头能调节方向的，灯的亮度也应该能满足阅读的要求。壁灯的风格应该考虑和床上用品或者窗帘有一定的

呼应，才能达到比较好的装饰效果。

● 镜前：此处安装的壁灯一般安装在卫生间镜子的上方，最好选择灯头朝下的，灯的风格可以考虑与水龙头或者浴室柜的拉手有一定的呼应。

● 走廊或客厅：这些地方的壁灯一般是做辅助光源，灯光应柔和，安装高度应该略高于视平线，使用时最好再搭配一些别的装饰物，比如：一幅油画、装饰有插花的花瓶、或者一个陈列艺术品的壁框等等。

在选择壁灯的时候应该注意与墙面色彩的搭配，最好不要选择和墙面一个色系的颜色，用一些对比色有时候会有很好的效果。

吸顶灯，不同功能的需求

● 卫生间吸顶灯：一般要选择防潮的产品。由于洗澡时雾气比较大，还应该选择亮度比较高的。

● 厨房吸顶灯：同样最好选择防潮的产品。如果是单独的房间，最好选择白光的灯，这样能更好地看清料理的食物。

● 储藏间、衣帽间、阳台等地所用的吸顶灯，只要根据需要的亮度选择普通的产品就可以了。

● 卧室吸顶灯：最好选择暖光的灯，而且还可以选择带遥控器的产品。

● 书房吸顶灯：注意选择亮度大的产品。

最后提醒大家一下，很多吸顶灯都标称为"节能吸顶灯"，但其实它的节能是相对于普通白炽灯而言的，对于真正的节能灯，一般吸顶的环形灯管还不算节能，一般32W灯管的亮度和8W的节能灯泡的差不多。

怎样选购节能灯

节能灯的正式名称是稀土三基色紧凑型荧光灯，20世纪70年代诞生于荷兰的飞利浦公司。这种光源在达到同样光能输出的前提下，只需耗费普通白炽灯用电量的1/5至1/4，从而可以节约大量的照明电能和费用，因此被称为节能灯。

早期的节能灯都是冷光，打出来的效果总是惨兮兮的。现在节能灯有暖光可以选择了，建议大家在家庭使用中尽量选择暖光（也就是黄光）。

目前市面上节能的灯品种繁多，而且很多都是以次充好，用不了几次就会坏掉。所以购买时应该尽量选择名牌产品，而且可以要求商家注明两年或者三年以内坏了可以去换新的（有的商家甚至可以保证五年）。因此最好选择去正规经营，且场所比较固定的商家购买。

另外，在挑选时最好试一下，选择那些启动时闪烁小，根部不发红，点亮一阵后几乎不发热的产品。

节能灯与白炽灯的比较

* 白炽灯最大的缺点就是能耗高，9W 的节能灯就能达到 40W 的白炽灯差不多的亮度。

* 白炽灯的使用寿命比较短，国家标准寿命为 1000 小时，而节能灯却是6000 小时以上。

* 频繁开关会大大缩短节能灯的寿命，对白炽灯的影响却很小。

* 节能灯在开灯的瞬间能耗非常大，开一次的能耗和节能灯使用 10 小时消耗差不多，而白炽灯在这个问题上就没这么严重。

* 节能灯刚点亮的时候会有点儿暗，点得越久越亮。

其实，从上述的比较可以看出，在家里的大部分空间都应该选用节能灯，但在一些需要频繁开关的地方，还是选择白炽灯比较好。

附录十五：一些建材产品的选购和安装

小心选购推拉门

推拉门一般都比较大，所以选购时一定要注意其安全性。常见的推拉门都是铝合金的，所以框架型材的品质要仔细挑选。一定要让商家把型材的断面给你看一下，选择壁厚在1mm以上的铝美合金等材料。店面一般都有推拉门成品展示，握住推拉门的框边晃动一下，观察其形变是否厉害。如果有严重形变的，以后很可能从推拉门轨道框里脱落出来，非常危险。

大部分推拉门坏就坏在轨道上。在展厅应该把成品门左右反复滑动感觉一下，好的轨道应该滑动起来有一定重量，且一点儿不卡也没有杂音。最好选择带定位功能的轨道，让推拉门关闭的时候能定住。不然很多推拉门关闭的时候总会和两边的框边留下缝隙。轨道在地面的部分，应尽量选择平板外形的。以前用的那种凹槽的地轨，用久了很容易藏污纳垢，而且还容易绊人，有时候还会被弄变形影响推拉门的使用。

购买锁具不要盲从

家里的室内门都得配上锁具，购买锁具时你会发现到处卖的都是"德国锁"，而事实上这些锁具95%以上都是在中国生产的。

当然很多德国原装进口锁具的确有非同一般的手感与品质，但这正宗原装进口的也有很多是在中国加工生产，再出口，再回来销售的。而国内锁具厂家在经过多年给国外厂家的OEM生产之后，品质也有大幅提高。更何况家中的室内门上配的锁具，其实一年也用不上几回，所以实在没必要为这些真真假假的德国锁多掏银子，踏踏实实在国产锁具中选择质量好的或许来得更加实在。

相信很多人都有这样的经历，家里室内门的锁上都插着它的钥匙，而入住N年后这钥匙从来没有用过。有时候还可能发现钥匙都有点儿生锈了，而平时支棱在那儿的钥匙还会时不时地挂住点儿啥东西，非常碍事。

其实家里室内门的锁具，可以不用配钥匙的，特别是如厨房、书房这样的房间。有些分体的锁具，不要钥匙就可以配不同的锁芯，这样价格还会便宜很多。

另外，购买锁具的时候也可以多逛逛。有些锁是不配钥匙的，只是从房间里面可以反锁住，从外面用一字口螺丝刀、硬币也能开，其实这样的设计也是蛮不错的。

锁具选购小窍门

* 现在大部分锁具的把手和锁芯是分离的，所以选锁的时候要确定搭配的锁芯是什么样的，不然你砍好价格后，商家很有可能给你配个劣质锁芯。

* 锁具把手部分主要考察其刚性如何，以及表面的涂层是不是容易脱落。如果家里有小孩最好选择没有棱角的圆弧造型。另外把手握起来，最好是随手形，以后开关门时会觉得比较舒服。

* 掂掂不同锁芯的重量，同样外形，一般沉的质量会好些。

* 把把手和锁芯组装上，开关几次感觉一下。开启时比较有重量感，而且锁芯弹力大的重量比较好。

* 注意有的锁是不能调整方向的，左开就只能左开，所以应该问清楚，选择和家里门开启方向一致的锁。

电热水器安装注意要点

* 电热水器必须悬挂在承重墙上，如果卫生间没有合适的承重墙，可以采取从顶上或者梁上安装支架把热水器托住的方法。

* 为节省空间，电热水器可以隐藏到吊顶里面（一般是半包），所以需要先安装热水器，再安装铝扣板。但要注意给电热水器留出维修的空间，比如可以将铝扣板靠近热水器的部位做成活动的。

* 电路一定要有效接地，避免电路和水路短路。

* 电热水器配套的插座，应尽量远离淋浴区，并且最好选择带开关的插座，还必须配备防水盒。

装修不上当，
省心更省钱

ZHUANG
XIU BU
SHANG
DANG
XIN GENG
SHENG
QIAN

燃气热水器安装注意要点

● 燃气热水器的安装，需要在水电改造阶段就充分做好安排。与燃气热水器相关的管路有3个：冷水进水管，热水出水管，燃气进入管。需要注意的是：这3个管的相互位置，不同型号的燃气热水器都不一样，所以你需要先确定购买的燃气热水器的型号，然后根据机器的实际型号来预留这3个管路的位置。

● 另外有一个经常被忽略的问题，燃气热水器还需要用电，所以必需给燃气热水器预留一个插座（最好使用带开关的插座）。

● 由于水管一般都走顶，所以从燃气热水器的冷热水口一般都是往上走，而且走管位置一般还正好位于以后热水器安装的正中位置。这里要注意，由于固定燃气热水器需要在墙上打钉，所以走管的时候应该刻意避开将来需要固定热水器的打钉处。同样，给燃气热水器预留的插座的电路走线也要避开打钉处。

● 现在的燃气热水器都是强排式，需要往室外排气，这个气体一般都有一定温度。燃气热水器的排气管都是金属的，在日后使用中，此金属排气管也是有温度的。所以，此排气管的安装应该注意避开同在一个吊顶中的抽油烟机排气管，因为抽油烟机的排气管都为塑料的，长期局部受热容易老化损坏。

● 有的型号的燃气热水器可以包到橱柜里，但有的型号的燃气热水器包到橱柜里会使其燃烧不充分，甚至会频繁灭火，具体情况需要咨询专业人士。但即便可以包到橱柜里的燃气热水器，也应该做到尽量增大其通风，可采用橱柜吊柜不做顶底板、安装百叶门等方法。

燃气具安装注意事项

燃气管道一般是由燃气公司改造，他们改造后会用专业仪器检测是否漏气。

燃气灶、燃气热水器等燃气具安装时，不可避免地还会接出一些管道，所以在安装完毕后应该立即检查一下是否漏气。用肥皂水涂抹所有接头的地方。

而且还要注意电池的问题。很多时候，安装完毕要试用的时候会发现两个问题：

● 现在的燃气表是需要电池的，没有电池，家里就没有燃气。

● 燃气灶一般都是电子打火，所以也需要用电池，所以在安装前应该咨询厂家购买好电池备用（一般燃气灶都使用 1 号电池）。

水处理设备安装注意事项

● 大部分家庭都会把水处理设备安装在水槽下方的橱柜里面。注意在水处理设备安装完成之前最好不要固定水槽，这样会在安装水设备时方便很多。

● 尽量把水设备的安装与橱柜安装安排在同一天，这样可以相互配合。比如有时候水槽底部到橱柜底板的距离不够高，就可以把橱柜底版上打一个洞，让水设备直接落地放置。

● 一般软水机等水处理设备都可以调节出水流量，注意让师傅给调到合适的水量。

● 另外还要注意安装水处理系统时用到的水路连接管及管件等是否安全可靠。经常有因为这种机器上的软管爆裂而引起漏水，结果把家里都泡了的事故发生。

马桶安装验收小窍门

● 马桶安装稳当是第一位的，用力摇晃马桶，感觉是否安装稳当。

● 马桶底座与地面应该打一圈防霉的玻璃胶密封。

● 往马桶里放几个烟头后冲水实验，一次冲走说明安装无毛病。

● 冲水后打开水箱盖观察上水是否正常。

● 上水时同时检查上水软管有无渗漏。

你需要防雾镜吗

如果你打算购买一个防雾镜，到了建材城你会发现大部分商家都声称自己的镜子是防雾的，可其实那些所谓的防雾涂层之类的多半都是蒙人的。真正防雾镜都是靠电加热来去雾的，这样的镜子需要用电，价格也比较高。

那么是否需要花这么多银子去购买呢？首先，如果你的卫生间带窗户，可

以排风，就没必要购买。打开窗户，镜子上的雾气可以很快散去。

如果你的卫生间比较大，干湿分区也较好，也不需要购买防雾镜。

如果你的卫生间空间非常小，而且干湿分区也不是很好，并且你还需要在洗澡后立即使用镜子，那么你才需要购买防雾镜。

怎么选购卫浴配件

目前市面上常见的卫浴配件主要有以下材质：

不锈钢：硬度最好，不怕磨损也不会生锈。但由于不锈钢造型和焊接都有难度，所以不锈钢卫浴配件样式单一，种类也比较少，市场上一般不多见。

铜镀铬：这种产品一般分空心和实心两种，尽量选择实心的，比较耐用。而且还应该观察镀铬层的厚度，有的就薄薄地镀了一层，非常容易脱落，好的产品都是多层镀铬的。

合金产品：这种产品一般拿着就轻飘飘的，非常不抗用，容易变形生锈，不建议购买。

卫浴配件一般都有个部位是用来和墙体连接的，这个部位一般也不会进行表面处理，可以从此处观察所用的真正材质，而且掂一下重量也有助判断。

很多人购买卫浴五金配件的时候，都喜欢追求进口产品，其实在国内购买进口产品实在没有必要，因为你所购买的进口产品中的绝大部分还是在中国生产的。由于中国产品的品质和价格优势，目前国际上很多卫浴五金品牌都把产品放到中国来贴牌生产，而中国卫浴五金的生产品质也越来越高，所以在购买卫浴配件的时候，只要用心逛，就一定能选到外形美观、品质优越的国产货，而价格一定会比进口产品便宜一大截。

淋浴头和热水器的关系

购买淋浴头的时候，还应该考虑家中所配热水器的升数。

如果家中是电热水器，选择出水量太大的淋浴头，可能会使热水器中的热水快速消耗掉，以至于不能达到洗澡所要求的时间；

如果家中选择的是小升数的燃气热水器（如 6、7 升），选择太大的淋浴头，可能会由于出水量小，而使淋浴头出水是沥沥嗒嗒的，无法达到淋浴所需水压。

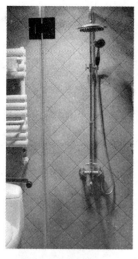

在这里我想特别给大家推荐一种淋浴柱，就是左上图上这种。

从洗澡来讲，它顶上的大蓬头冲起水来特别舒服，就像下雨一样，同时，它还配有一个可以取下手持的淋浴头，非常方便。

最关键的是，这个淋浴柱下面还有个朝下的水龙头。这个龙头真的是太方便了！我们家洗墩布就是用那种塑料的墩布桶在这里洗，而且有些要手洗的衣服，在这里用个大洗衣盆洗，也非常方便。由于整个淋浴柱是在淋浴屏里面，所以清洗东西的时候，完全不用担心水会流到别的地方。有时候清洗家里的小地垫就直接往这个淋浴柱下面的地下一放，洗起来特别爽。所以，严重向大家推荐这种类型的淋浴柱。

这种淋浴柱安装一定要注意 3 个高度，见左下图：

我们在装修阶段要确认的是淋浴柱出水口离地的高度，即图上的 H3，这个高度要根据淋浴柱的高度来确认。要使淋浴柱安装后，淋浴蓬头不至于顶到铝扣板吊顶上，也就是要考虑图上 H1 的尺寸，另外还要使淋浴蓬头离地的高度可以使家中最高的成员很舒服地站在下面，也就是图上 H2 和家中最高的身高的关系。

所以在改水之前就要把淋浴柱的型号确定，这样才能准确确定 H3 的高度。

水龙头的选购方法

先要看龙头表面的光洁度，镀铬好的表面应该接近镜面效果。另外用手指按下去，会留下指纹，如果指纹很快就消失了，就说明涂层好；

用手摸，要无毛刺、无砂眼、无裂痕、无氧化斑点等；

用食指和中指轻轻夹住龙头手柄上下左右轻轻地搬动，看是否灵活不松

动、是否有阻断手感、是否有油阻尼的手感，如灵活不松动、无阻断手感、有沉重的油阻尼手感，就是好龙头。

还应该把水龙头放在手里掂一下，好龙头是以黄铜为材料，会非常沉。大家可以先去大超市拿那些好几千的龙头掂一下试试，就知道那种手感了。

另外菜盆龙头一定要选择比较高的，这样才能方便地把一些比较大的锅放进菜盆清洗，而且菜盆龙头的出水嘴最好是能伸到水盆的中心位置，这样使用的时候水不易溅到外面。

卫生间选择那种可以拔出来洗头的龙头，日后使用时会比较方便。

附录十六：各个不同房间的色彩与空间摆设原则

客厅的色彩与空间摆设原则

客厅是一套房屋的门脸，从这儿能通向所有房间，所以在客厅装修中要注意到这里是你装修风格"点题"的房间，你所选择的风格，在客厅要有充分的体现。

在色彩方面，由于客厅的空间一般较大，而且所需放置的物品也多，所以客厅的背景色（墙地面颜色）应选择包容性大的颜色，要能完美地和窗帘、沙发、电视墙等等配合。而且一般在客厅的墙面还要挂画，所以客厅的墙面色还应当考虑到与你所喜爱的画作风格的搭配问题（想象一下，如果最爱的是梵高的《星夜》但你的客厅墙面却是深蓝色，那么画作在上面显然得不到突出）。

客厅在空间和摆设上要全方位考虑，比如：

有的家庭会把就餐区放到客厅，那么就要考虑就餐区是否需要单独的灯和暖色调的背景墙；

家里的老人或许喜欢在客厅看报，那么就要考虑在客厅较静的小角落摆设舒服的座椅和适于阅读的灯光；

如果你的孩子有一堆游戏机需要连接到客厅的电视上，那么就要为这一堆机器先考虑好收纳和放置的地方。而且现在如 wii 这类的游戏机是需要人手舞足蹈的，那么在电视前面也要规划出一定空间，比如购买带轮的茶几，好在玩游戏的时候可以方便地挪走。

装修不上当，
省心更省钱
ZHUANG
XIU BU
SHANG
DANG
XIN GENG
SHENG
QIAN

餐厅的色彩与空间摆设原则

餐厅是一家人聚在一起享受美好时光的重要场所，装修的宗旨一定是要温馨。

颜色要轻快，如果用乳胶漆，以暖色调为宜，如果用壁纸则选藤蔓植物最好；

灯光一定要充足，最好是暖色灯光，餐桌上方用垂下的吊灯会有更好的效果；

餐桌非常重要，首先是根据空间规划出合适的大小而且还要适合于家里的人数；其次可根据家人的饮食情况做些特殊设计，我的建议是定做餐桌。比如我家里就有一位爱喝啤酒的，所以我的餐桌下面设置了一个可以放置很多啤酒的空间；

如果条件允许，在餐厅里放置一台电视将为用餐增加很多乐趣。我家人每天都是一边看着新闻一边享受早餐的，感觉非常惬意；

冰箱，放置在餐桌附近也是不错的选择，既方便大家随时取用冰镇饮品又方便主妇在收拾残局的时候可以便捷地把剩菜放入冰箱。

配两张我家餐厅的照片吧。

书房的色彩与空间摆设原则

书房装修的主旨，一定是要让人觉得静心，轻松。

背景色以冷色调为宜，家具颜色应自然大方，避免刺激耀眼的颜色；

除了主灯光以外，还应该设置台灯或落地灯等适合阅读的光源；

书桌的设计应该结合实际，比如有的家庭会有多人同时使用的情况，另外，电脑台和书写台可能都要考虑到，而书架应该既有开放式的又有封闭式的；

书房里可以考虑多放置些绿色植物以舒缓视力。

卧室的色彩与空间摆设原则

卧室，是最私密的空间，在这个空间里你可以尽情发挥你所喜爱的风格与色彩，而不用太过考虑与别的房间的搭配问题。

卧室的色彩搭配除了背景色以外，主要要考虑床品和窗帘的搭配，最好能做到相互呼应为好；

卧室的床头柜可是非常重要的点睛之笔，与众不同的床头柜能提升整个房间的魅力，提示一下，这两个床头柜可不用非得选成一样的哦；

除了主灯以外，每个人的床头有个自己能控制的光源，显然是非常有必要的；

对于眷恋床铺的人来说，床前放置一个电视，能够让人躺着观看，绝对是提升舒适度的好设计；

卧室的窗帘最好选择双层的。一层轻薄的纱帘，既能透光又能保护隐私，另外一层较为厚重的布帘，最好选择遮光的，能够让你在休闲的时光好好地睡个懒觉。

后　记

搬家总是给我特殊的感觉：

打包所有的物件，仿佛在盘点以往的生活；

在新居拆包，再一一归置物件，又仿佛是在规划以后的生活；

而装修，则是两段人生记忆中的转折处。

说来奇怪，有时候会经常想起装修时那段刺激的日子：紧紧张张、马不停蹄、每天都能看到或成功或失败的新变化……现在想来，甚至还很有些怀念。

毕竟，和装修的日子比较，生活的大部分时间都是平淡无奇的，所以，请珍惜这段难得的经验！不要去哀叹苦难的装修啥时候能过去，要认真地对待每一天的装修。其实想想，装修不正是在为你的下一段人生打造精彩的容器吗？

所以，让我们通过快乐装修去开启快乐的人生新篇章吧！